水が エネルギーになる日。

著　深井利春
創生ワールド株式会社　深井総研株式会社　代表取締役社長
監修　有冨正憲
国立大学法人東京工業大学　名誉教授　工学博士

ダイヤモンド社

はじめに

「我が一念　岩をも通す」

我々は水をどこまで知っているだろうか。

水は私たちが生きていく上で何より大切な命の源だ。我々は大人の身体の60％が水というのはよく知っていて、少しでも身体に良い水、健康になる水を求めて血眼になっている。水素水が良いといわれればなんの疑いもなくこぞって購入する。

一方で、水が汚れていく、ということに関心を向ける人はどれだけいるだろうか。自分たちの出した汚れを平気で下水に流している。自分がきれいになれば、その分汚れを出していることに気がつかない。かつて大企業は工場から出る廃液を川に知らん顔をして流していた。その当時は誰も会社を咎めていない。川や海が自然に浄化してくれるだろうと考えていたに違いない。

水の性質は多様だが、水はなんでもその中に溶かしてしまうという性質がある。溶かしやすいとは汚れやすいことの裏返しだ。大さじ1杯の醤油を魚が棲めるほどきれいにするには520ℓ（2ℓのペットボトル260本）もの水が必要だ。川に流された膨大な工場廃液を浄化し、魚たちが棲める環境にするのにどれだけの歳月が必要か、気が遠くなる思いだ。

生き物は水の袋である。その水は地球が与えてくれる。水は地球を循環しすべての生き物の血液になっていく。地球を汚すことは身体の血液を汚すことにつながるのだ。

地球が与えてくれる水とは清らかな渓流の水である。

限りなく渓流に近い水を開発するにはどうしたら良いか。私は20数年前から、来る日も来る日もそれだけを考えていた。行きついた先が、水道の水を源にした「創生水」である。


「我が一念　岩をも通す」

私のこの信条は創生水をこの世に送り出す前も後も、一貫して変わらない。

私たちの暮らしに真摯に向き合うことでいろいろな弊害が見つかってきた。クリーニングした衣類からダイオキシンを発見したのもその一つである。電磁波が健康を害している、あるいは若者の精子が減っている、アトピーが治らない、放射線が心配といった様々な弊害、生活者の悩みを傍観するのではなく、私自身の問題としてとらえ、「創生水」がお役に立てないだろうかと研究機関、大学の先生、多くの仲間と一緒になって、調査を基本にしながら、検証し実験を繰り返し、創生水の効果を世に問うてきた。実験やテストは正確に数えたことはないが、延べ1000回を超えているはずだ。

その過程で多くの困難、誹謗中傷にあったものの、「我が一念　岩をも通す」という信念を持ち続けて、今日に至った。

創生水を理解いただくために2001年に「洗剤が消える日。」を上梓し、ダイヤモンド社から出版した。以来多くの方から励ましの声をいただき、なお一層私の信念は強固になっていった。創生水が本物であることを多くの愛用者、一般読者の方に理解されたのである。

創生水のもつ特徴や性質は、生活を変え暮らしを豊かにするだけにとどまらない。

今回新たに「水がエネルギーになる日。」を書き上げたのは、創生水に含まれる原子状水素が新たなエネルギーを生み出す可能性があることを証明できたからである。

長い道のりを経て今、創生水は新たなステージへと歩みを進めた。その大きなテーマが「エネルギー」である。創生水は原子状水素を含むことが検証され、代替エネルギーの可能性を開くとともに、創生水を高機能化した「創生フューエルウォーター（SFW）」と軽油や重油・ガソリンを混合させエンジンを稼働させることに成功した。創生水が代替エネルギーになったのである。

さらにこの水はCO_2をはじめ悪質な排気ガスを大幅に軽減できることも証明されている。私は地球上から有害な廃棄物をゼロにしたいという大義を抱いている。具体的な戦略として、私は「創生水によるCO_2ゼロ計画」を推進したい。

この、時代を担うと確信している水のすべてを、あらゆる業種の企業の方をはじめ多くの生活者の皆さまに理解いただくために、実験に基づく事実を踏まえて、ゆっくりとていねいに、私の願いや夢も含めながら語っていきたいと思う。

深井利春

目次――CONTENTS

はじめに　2

序章◉地球温暖化を〝水〟で解決する……15

地球環境サミット宣言と実践活動の乖離　16
人間は自然の一部。自然がなければ生きていけない　19
地球環境良化のために具体的行動を　22

第1章◎水への想いが創生水を生み出した……25

自分がきれいになれば自然が汚れる 26
すべての答えは渓流にあった 28

第2章◎創生水はこうして生まれた……31

創生水生成器は自然の摂理をお手本にした 32
創生水生成器のメカニズム 34
創生水生成器の稼働数が増えれば環境は必ず改善される 39

第3章◎創生水とエマルジョン燃料……41

油と水が混ざり合った 42
エマルジョン燃料への挑戦 44

「エマルジョン燃料の分散性と水の成分」 51
「創生水は油と混ざって水蒸気改質を起こしエネルギーになる」 62
ＦＵＫＡＩグリーンエマルジョン燃料を高く評価 65
ニュース雑誌「ＴＩＭＥ」が次世代エネルギーに注目 67

第4章◉創生フューエルウォーター（ＳＦＷ）がエンジンを稼働させる……81

創生水は原子状水素を含む 82
エンジンがレントゲンの役割を果たした 86
大型のディーゼル発電機実験でＡ重油を44・88％削減 87
小型発電機でガソリンを29・33％削減 89
新型発電機による実験で軽油を56・2％削減 90
長期間保存のＳＦＷは発電能力が高まる 92
戻り油が燃えたのはＳＦＷがエネルギーに変わった証拠 95

専門調査機関がＳＦＷに二つの評価　96
進化するＳＦＷによるバーナー燃焼実験　97
産業分野への導入も始まる　101

第5章◉漁船がＳＦＷで動き始めた……103
創生フューエルウォーター（ＳＦＷ）で航行されたマレーシアの漁船　104

第6章◉ＳＦＷで自動車が動く日……113
化石燃料の節約とCO_2排出抑制をＳＦＷで実現する　114
ロータリーエンジンでの実験　116
上海でＳＦＷによるエンジン稼働が実用化　122
戻り油は再利用が可能　126
ＳＦＷ注入で仕事量の増大を実現　128

日本自動車研究所（ＪＡＲＩ）で燃焼実験と検証を予定　129
温室効果ガス削減への道　130
巨大な特殊自動車・ストラドルキャリアがＳＦＷで起動した　131
自動車から大型船へ、ＳＦＷ適用の可能性は拡大する　138
ＳＦＷの技術的評価　142
ＳＦＷの産業への発展性　143

第7章◉創生水開発余話　有富正憲教授×深井利春対談……147

創生水は未来を拓く鍵となる　148
ビールの一気飲みが有富教授の研究テーマ!?　148
エマルジョンを超えた創生水。出る杭は打たれる？　151
CO_2ゼロ計画　152
ＳＦＷ開発までの道のり　155
創生水の比重が重いのは原子状水素の存在証明？　157
ヒドロキシルイオンの存在　158

創生水の水素反応からエネルギーへの発想展開 160
SFWがエンジンを稼働させている 164
現場を見て検証することが信用につながる 166
SFWは車を動かし非常用の飲料にもなる 167
SFWで得た利益を社会還元のために使う 170
夢は頭の中で構築し実現していくことができる 173

第8章◉創生水は生活を変える

第8章◉創生水は生活を変える……177
人間は水の生命体 178
創生水は暮らしを変える 179
還元力をもった水 180
水素水と創生水の違い 181
活性水素反応のある水 183
ライフスタイルを大きく変える創生水の力 183

創生水の高い洗浄力効果　185
研究・実験結果が示す創生水の特質　187
抗体タンパク分泌能力をより活性化
「人体内細胞の活性に及ぼす創生水の影響」　188
「創生水はヒドロキシルイオンを含有」　192
ヒドロキシルイオンの発見と第四の水の相　196
九州大学・白畑實隆教授の偉大な研究結果　200
3つのユニットから構成されるプロジェクトで創生水を徹底解明　203
創生水によって精子数が平均2・3倍に増加　208
人の健康を守り生活を洗い、地球環境を守る創生水　210
私と創生水　PART1　邉　龍雄さん　212
環境を守ることで生きる権利を神（自然）から与えられる
私と創生水　PART2　オスマン・サンコンさん　219
創生水は人類を救う水

私と創生水　PART3　千葉真一さん　222
創生水は健康を維持し高齢者を救う水
私と創生水　PART4　田中美帆さん　225
次男のアトピー性皮膚炎が劇的に改善

私たちはこうして創生水を暮らしや仕事のなかに取り入れている　228
お客様の声（アンケート）　228
1　美容関係　228
2　農業関係　232
3　飲食・食品関係　235
4　医療関係　240
5　ホテル関係　245

第9章◉創生水が今世界に羽ばたく……………249

上海証券取引所にＱ板上場。中国の大気汚染をＳＦＷで半減へ　250

おわりに　254

創生水が世界に認められた日

序章

地球温暖化を〝水〟で解決する

地球環境サミット宣言と実践活動の乖離

地球環境が世界規模で真剣に討議され始めたのは1992年の「地球環境サミット」からではないか。私はこのサミットに大いに啓発されたし、この会議こそ私の行動の指針であると思っている。冒頭から堅い話で恐縮だが、少しの間お付き合いいただこう。

同会議は、1972年の国連人間環境会議（ストックホルム会議）以来、環境問題への取り組みが本格化するなかで開催された環境と開発に関する国連会議であり、地球温暖化、酸性雨など、顕在化する地球環境問題を人類共通の課題と位置付け、「持続可能な開発」という理念の下に環境と開発の両立を目指して開催されたものだ。1992年6月3〜14日まで172ヶ国の政府代表、国際機関、NGOが参加した。

会議の結果は、環境と開発に関するリオ宣言の採択、気候変動枠組み条約の署名、生物多様性条約の署名、森林に関する原則の採択、そしてアジェンダ21の採択である。

リオ宣言の採択は、人類共通の未来のために地球を良好な状況に確保することを目指し、人と国家との相互間の関係を規定する行動の基本原則の集大成であり、前文及び27の原則から成る。

枠組み条約の署名については、1992年5月の第5回再開会期において、先進国は、1990年代の終わりまでに二酸化炭素等の温室効果ガスの排出を従前の水準まで戻すことの重要性を認識した。合わせて排出抑制や吸収源保全のための政策・対応措置を講ずるとともに、その政策・対応措置と効果予測等についての情報を提出し、締約国会議出の審査を受けること等を主たる内容とした国際条約を採択。サミット期間中に、155ヶ国が署名した（我が国は6月13日に署名）。

1992年5月の第7回交渉会議において、生物多様性の保全、生物多様性要素の持続的利用、遺伝資源の利用から生じる利益の公正かつ公平な配分を実施することを目的とし、国家戦略、計画の策定、自国の保全上重要な地域や種のリストの作成、保護区等の設定、遺伝子資源に対するアクセス・保証、技術移転、資金援助等を主たる内容とした国際条約を採択。サミット期間中に、157ヶ国が署名した（日本は6月13日に署名）。

森林に関する原則は、国家の開発の必要性及び社会・経済成長のレベルに応じた森林を利用する主権的権利を認めるとともに、森林の多様な機能（生物多様性の維持、エネルギー源、炭素の貯蔵等）の維持及び持続的経営の強化、森林政策のあり方、国際法規、多国間合意に基づいた林産物貿易、開かれた自由な貿易の促進、世界の緑化、国際協力等について規定した。

アジェンダ21は環境と開発に関するリオ宣言の諸原則を実施するための行動プログラムであり、環境・開発の両面にわたる4分野（社会経済的側面、開発資源の保護と管理、女性をはじめとする各主体の役割のあり方、実施手段）の40項目について幅広く各国の行動のあり方をとりまとめたものである。

今日まで24年以上経過するが、この地球環境サミットで決定された事項のうち、どれだけ実行されているのか。どれだけ地球環境が良化したのか。宣言と各国の実行との乖離を感じざるを得ない。

地球環境サミットで忘れられない少女の叫びがあった。彼女の言葉は今でも私の脳裏に焼き付いているし、私の行動の根を支えてくれている。そのメッセージを改めて紹介させていただく。

20年以上も前、当時12歳だった少女セヴァン・カリス＝スズキさんは、すでに地球環境の悪化を危惧していた。彼女は子供環境機構ＥＣＨＯの代表であるが、地球環境サミットで、大人が環境保護のために何をしてくれるのか、次のようなメッセージを世界に向けて発信した。まさに当時の私の気持ちを代弁してくれていたのである。

人間は自然の一部。自然がなければ生きていけない
〈セヴァン・カリス＝スズキさんからのメッセージ〉

このようなことをお話しすることをお許しください。グローバルフォーラムを聞いていて物足りなく感じました。価値の転換をどのようにすればいいかと、一生懸命、論議している大人の人たちを見ていると難しいことを考え過ぎて、簡単なことを忘れてしまっているように思うのです。

私たち子どもは、自然と密接な関係を失っていません。オタマジャクシや花や昆虫などを愛しています。そして人間が自然の一部であることも知っています。価値を転換するには子どもの頃を思い出すことです。自然の中で遊んだこと。それがどんなに素敵だったか、それがどんなに大切だったか……大人がなんでも解決してくれると信じていたこと。何が正しくて何が間違っていたかを知っていたことを思い出してください。本当

に大切なことは純白で偽りのないことです。

あなた方の中の子どもの心は一番大切な価値や本質を知っています。それなのにあなた方の興味は、株や出世やお金儲けのことばかりです。いくらお金があっても自然がなければ生きていけません。あなた方は「子どもの頃、自然はいつもそばにあった」という思い出をもつ、最後の世代になってしまうのではないでしょうか。

私は21世紀には21歳になります。あなた方の残した地球で生きることになるのです。私たちが生きることのできる地球を残すためには、大きな変革を急いで実行する必要があります。本当にそれをしてもらえるのでしょうか。もしあなた方がやらなければ一体誰がするのでしょうか。

ソマリアやバングラデシュでは子どもたちが飢えて苦しんでいます。でも豊かな国の政府は、分け与えることをしたくないようです。貧困や公害をなくすことのできるお金よりもたくさんのお金が、破壊や戦争のために使われていることが不思議でなりません。私は子供環境機構で環境保護の活動をしていますが、いつも「経済が優先」という論争に巻き込まれています。でも、きれいな空気や水、土がなければどうやって生きていけるのでしょう。

私の友達の両親はたばこを吸います。そして「たばこを吸ってはいけません」と子どもに言います。でも、その子どもはきっとたばこを吸うと思います。子どもにとって大人はモデルなのです。どうして違う行動がとれるでしょうか。あなたはいつも言っています。「ケンカをしてはいけない、生き物を傷つけてはいけない。欲張ってはいけない、分け合いなさい」と。でもどうしてあなた方はいけないことばかりするのですか？

　私の両親は環境保護の仕事をしています。私はそれを誇りに思っています。将来を失うことはとても恐ろしいことです。お金がなくなったり株が下がったりすることとは比較になりません。私はたくさんの動物、鳥や昆虫を見ることができましたが、果たして私の子どもはそれらを見ることができるでしょうか。あなた方は子どもの頃、こんな恐ろしい心配をしたことがありましたか？

　すべてはあなた方の時代から始まっています。そしてまだ大丈夫、まだ時間があるというように振る舞っています。でも、オゾンホールの修復の仕方を知っていますか？　死んでしまった川にサケを呼び戻すことができますか？　絶滅した動物たちを生き返らせることができますか？　それができないのなら、せめてこれ以上地球を壊すのはやめてください。

　ブラジル地球サミットのとき、リオで道に住んでいる子どもを見てショックを受けました。その一人が私に「もしぼくがお金持ちだったらみんなに食べ物や小屋をあげるのに」と言いました。なんでももっているあなた方がなぜあげないのですか？　なぜもっとほしがるんですか？

この会議で聞いたことは、去年のリオでも聞きましたが、事態はさらにひどくなったように思います。会議で決めたことが実行されるのはいつですか？　心配でなりません。あなた方は私たちのモデルです。私たちはあなた方のようになろうとしているのです。どうかお手本を見せてください。どうか勇気を失わないでください。

「正しいと信じることをしなさい」といつも言うでしょう？　どうしてそうしてくれないのですか？　もう時間は残されていないのでしょう？　世界中の子どもたち、未来の生命を代表して尋ねます。あなた方は何を残してくれるのですか？　あなた方は何を待っているのですか？

地球環境良化のために具体的行動を

セヴァン・カリス＝スズキさんは今（２０１６年）37歳になっている。きっと多くの家族と生活をともにしているだろう。そして、彼女は今多くの疑問の渦中に立たされているのではないか。30年以上経過して何が変わったのか、誰が地球環境を良化してくれているのだろう、と。

私はセヴァン・カリス＝スズキさんの気持ちが痛いほど理解できるし、小さな力でも具体的な行動を起こすことで、大きな力の踏み台になれることを知っている。

創生水を開発したのも、まさにセヴァン・カリス＝スズキさんの問いに対する一つの答えであり、具体的な地球環境良化のためのアクションである。多くの学者、専門家は理論を振りかざすが、具体的な行動は何一つ起こさない。

そして、２０１５年12月12日（現地時間）にはＣＯＰ21が全会一致で採択された。日本は２０３０年度に出すガスの量を13年度より26％減らすという目標をつくった。これを達成するだけでなく、今世紀末に向けて化石燃料に頼らず、ガスを出さない社会をどうつくるかを真剣に考えなければならない。モノや電気の無駄遣いをなくす省エネも大事だが、排ガスの出ない電気自動車や燃料電池の開発、太陽光や風力、水力などの自然エネルギーでつくった電気を増やさなければならない。

ただ、これらはそう簡単には実現できない。たとえば太陽光発電は今や一般家庭の屋根にパネルが散見できるようになったが、果たして省エネにどれだけ貢献しているのだろうか。設備に多大な経費をかけて、リターンが見込めるのか。はなはだ疑問である。

電気自動車にしても、一般のサラリーマンが気軽に購入できる価格なのか？

政府に抗議するつもりは毛頭ないが、もっと手軽で設備投資も、ランニングコストも安価なCO_2削減の道はないのか。

実は、そのCO_2削減に少なからず貢献していけると確信したのが、長い年月をかけて開発した水「創生水」である。多くの大学教授、研究者、試験機関の協力のもとに創生水の新しい能力が次々に解明され、実用実験も数多く世に問うてきた。創生水の誕生からこれまで歩いてきた道のすべてを読者とともに踏みしめていきたい。

第１章

水への想いが創生水を生み出した

自分がきれいになれば自然が汚れる

創生水の分子構造はH_3O_2マイナスである、といっても首をひねる方がほとんどだろう。この分子構造が創生水の特徴を決定づけ、洗剤のいらない生活を可能にし、エネルギーに変わるのだ。にわかに信じられない方のために、ここに様々な実験、検証、データを示しながら、新たな水の可能性について語っていく。

まず、何より大切なのは、なぜ、どのようにして創生水が生まれたのかである。

創生水が生まれた背景にある、私の水へのこだわり、水への熱い想いを知っていただくことが、この水を理解していただく糸口になると思う。

水への想いはずっと昔から抱き続けていたのだが、特に私の住む長野県上田市を流れる千曲川の汚れを目の当たりにしたとき、これではいけない、なんとかしないと大変なことになる、命のもとである川がこんなに汚れているのはなぜだろうと考えた。

汚れを突き詰めていくと、汚れはきれいになるという裏返しである。自分がきれいになるということは、自分の中から汚れたものを排出することに他ならない。その汚れの排出先は川であり海であり湖であり山林である。まず私はそこに気がついた。

空気中には水分が含まれているが、この水にも汚れがある。車の排気ガスによる一酸化炭素の汚れを空気が包み込んでしまっている。雨が酸性になっている、空気が酸化しているというのもまぎれもない事実である。

このようにすべてが酸化し始めていたらどのようになるのか。農薬、化学肥料、洗剤、シャンプー、漂白剤などが使われるたびに、その使用後の廃液などはすべて大地や川が受け入れ、否応なしに自然は酸化させられているのだ。この地球環境を悪化させる酸化をなくすにはどうしたらいいのか。環境に負荷をかけない、汚れを出さない洗剤はできないか、と真剣に考えていた。

しかし、一つ一つの洗剤や農薬などの化学物質を改良することなど、到底私にはできない。それならこうした物質をすべて使わないようにさせることはできないかと、発想を180度変えてみた。自然に学び、昔の自然に返すこと。春夏秋冬、季節の移り変わり、川の流れ、風の動き、気流の流れ——そうしたものから学び、昔のきれいな川の水を取り戻したいと思い始めて、創生水の開発に取り組んだのである。

水を追求していくと、どんな水が健康に良いのか、どんな水が美味しいのかというテーマが浮上する。果たして、有害な物質に汚染されていない水はあるのか。

渓流の水にすべての答えがあるのだ！

すべての答えは渓流にあった

現在日本では、様々な美味しい水とうたった水が何百種類も販売されている。最近では、ミネラルウォーターはもとより還元水、水素水とか温泉水とか、海洋深層水など百花繚乱である。

一般的になったミネラルウォーターはどうか。日本で発売されているもののほとんどは殺菌のための加熱処理がされている。加熱処理は85℃以上の高温で30分以上（ないし121℃以上で6秒間以上）行われる。この段階で水の中に含まれていた酸素や二酸化炭素などの気体は大部分が抜け出してしまう。これでは湯ざましと同じで美味しくない。

水の美味しさは味と鮮度と温度、さらに飲む人の生理作用で決まる。その美味しさの源である味をつくっている酸素や二酸化炭素、ナトリウムが加熱によって失われてしまうので、日本のミネラルウォーターは美味しくないのだ。

温度も美味しさに大きな影響を与える。美味しいと感じる水の温度は、一般的に体温マイナス20～25℃とされている。つまり10～15℃が美味しい水である。

果たして、味や香り、温度が最適で本当に美味しい水はあるのか。

3つの条件をクリアーする水、それは昔の渓流の水である。渓流の水は急な落差で流れている。この流れが空気中の酸素はもちろん、二酸化炭素を吸収する。水が二酸化炭素を吸収すると、川の岩石などからミネラル分を吸収し、まろやかさが増す。

岩肌を伝って流れ落ちる渓流の水は、常に一部が蒸発し続けており、このとき周りからの気化熱を奪うので、渓流の水は、ほどよく冷えているのだ。真夏でも渓流の水を口にすると冷やっとするのはそのためである。

人工的につくられたU字溝を流れる汚れた水はどこまでいっても汚れたままだが、渓流の水はいつも清らかで汚れを寄せ付けない。渓流の水は石にぶつかり、砂利に触れながら、滝になり、渦になり美味しい水になっていく。汚れていた水でも流れや川の浄化作用で生き返るのだ。

この渓流の水に大きなヒントをもらって開発したのが、創生水である。

創生水のつくり方は、実は自然の法則に従っただけである。創生水の原水は水道水である。日本全国どこにでもある蛇口を開けば出てくる家庭の水を、自然の法則に従って渓流の水にしたてあげる技術を確立した。

水道水を使った、渓流の水、汚れを出さない水、汚れを浄化する水――それが創生水である。

第2章

創生水はこうして生まれた

創生水生成器は自然の摂理をお手本にした

創生水生成器の原理を理解していただくことが、水の分子構造解明の原点になる。第一にイオン交換樹脂を使い、水道水に含まれる硬度成分を吸着・除去し、硬水から軟水に変える。野菜でも魚でも食べ物に含まれるカルシウムは軟水に溶けて身体に吸収され栄養になる。これが基本の一つだが、カルシウムやマグネシウムを水から摂るのではなく、水はあくまで栄養分を運ぶ媒体にしなければならない、と考えた。また、イオン交換樹脂の再生洗浄に再生塩を使用し、ナトリウムイオンを増やすこともしている。ナトリウムは生体内での原子転換が行われる物質で、血液中に多く含まれている。

硬水を軟水に変えてから、次に黒曜石を使って還元水をつくる。黒曜石は古代では矢尻や包丁に使われていたが、黒曜石はマイナスの電子、微弱エネルギーをもっている。この黒曜石に滝の原理を応用して水圧を高めた5気圧の水を通過させることで、還元水にする。この還元水の酸化還元電位を測定したところ、プラス250mVから最高でマイナス380mVという調査結果だった。水道水の還元電位は通常プラス

６００ｍVで、創生水が十分に還元されていることがわかる。

もう一つの大きなポイントは、水道水に含まれる塩素を不活性にすることができる点だ。不活性とは塩素の働きをストップさせることである。それは水道水を還元するときに発生する活性水素の働きによって可能になる。つまり活性水素が塩素の働きを抑制するのである。

さらに、第3工程では還元された水がトルマリン（電気石）を通過する。トルマリンは植物の生長を促す育成光線（4〜14ミクロン）を出すといわれているが、この石を粉末にして固めたペレットが入っている筒に還元水を竜巻の原理で通過させるのである。するとそこにヒドロキシルイオンが発生する。このヒドロキシルイオンが、実は界面活性効果をもっているのである。ヒドロキシルイオンを化学式で表すと「$H^{3}O^{2-}$」になる。

創生水は、水道水を軟水にしたあと、黒曜石で還元し、活性水素を増やし、トルマリンでヒドロキシルイオンを発生させ、界面活性効果をもった水に生まれ変わるのである。

創生水生成器のメカニズム

創生水生成器は自然を再現したメカニズム

◉ステップ1

硬水を軟水に変えるために軟水器を使用。軟水器には硬水を軟水に変えるためにイオン交換樹脂を入れる。イオン交換樹脂で水中の硬度成分（カルシウムイオン、マグネシウムイオン）を吸着除去していくと、ある時点で軟水をつくる能力がなくなるので、なくなる前に塩水を使って洗浄し、能力の復元を図る。生成器は水道水の硬度と使用した軟水の量をマイコンが管理し、この工程を全自動で行う。

◉ステップ2

黒曜石で水を還元させ、活性水素を生み出す。水道の水圧は一般家庭で3～5気圧ある。1気圧は10ｍの落差に相当し、黒曜石の筒の中では30～50ｍの落差と同じような環境がつくられる。マイナス電荷を帯びた黒曜石に、勢いよく水分子がぶつかることで、水の分子は細分化されると同時にエネルギーの高い状態になる。

原水の硬度と使用された軟水の量をマイコンが管理

水の軟水化に不可欠なイオン交換樹脂。原水の硬度と塩素濃度によって異なるが、5年以上繰り返し使用可能

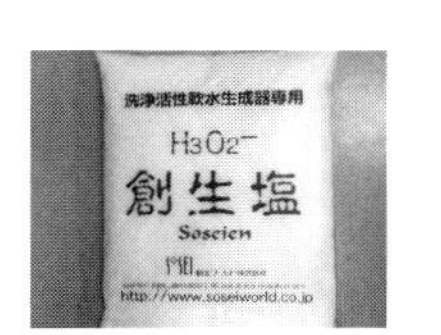

イオン交換樹脂を自動で再生（復元）するために必要な岩塩（当社指定）

◉ステップ3

還元水となった水をトルマリンとアルミカールの入った筒を通過させ洗浄力を与える。この最終工程で水は界面活性力をもった創生水に生まれ変わる。トルマリンは遠赤外線と呼ばれる4～14ミクロンの波長の電磁波をもっており、自然界の中で様々な働きをしている。細胞の生理活性を高める働きもその一つ。装置の中で使っているのは、一度トルマリンを粉末にして粘土、ケイ素、アルミナなどと混ぜ合わされ800～1000℃で焼結されたものである。筒の中でトルマリンとアルミカールが勢いよく撹拌され、微弱電気エネルギーを発生させる。また、活性水素（原子状水素）が生み出され、塩素やその他の有害物質を除去し、カルキ臭も取り除く働きをする。

なお、創生水生成器は多くの世界特許を取得している。

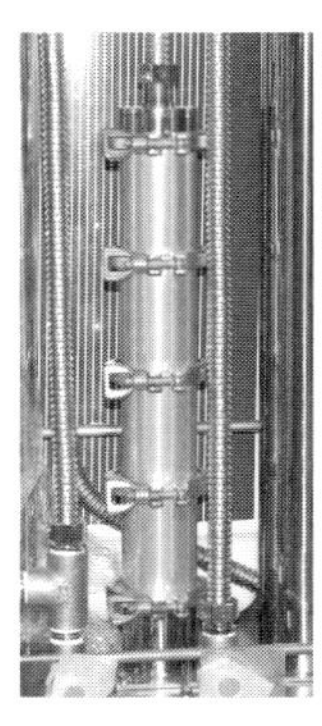

ヒドロキシルイオン生成に必要な特殊セラミックTAI

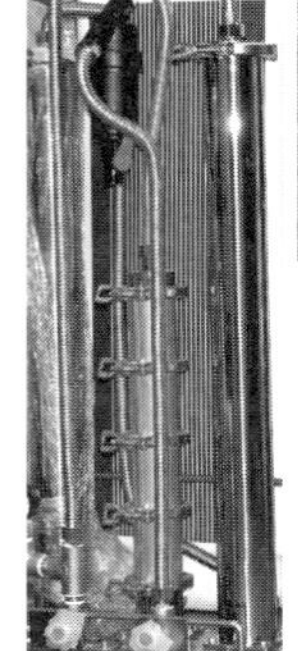

黒曜石（電極石）。多量のマイナスイオンを発生させる力をもつ。年に一度程度のメンテナンスが必要

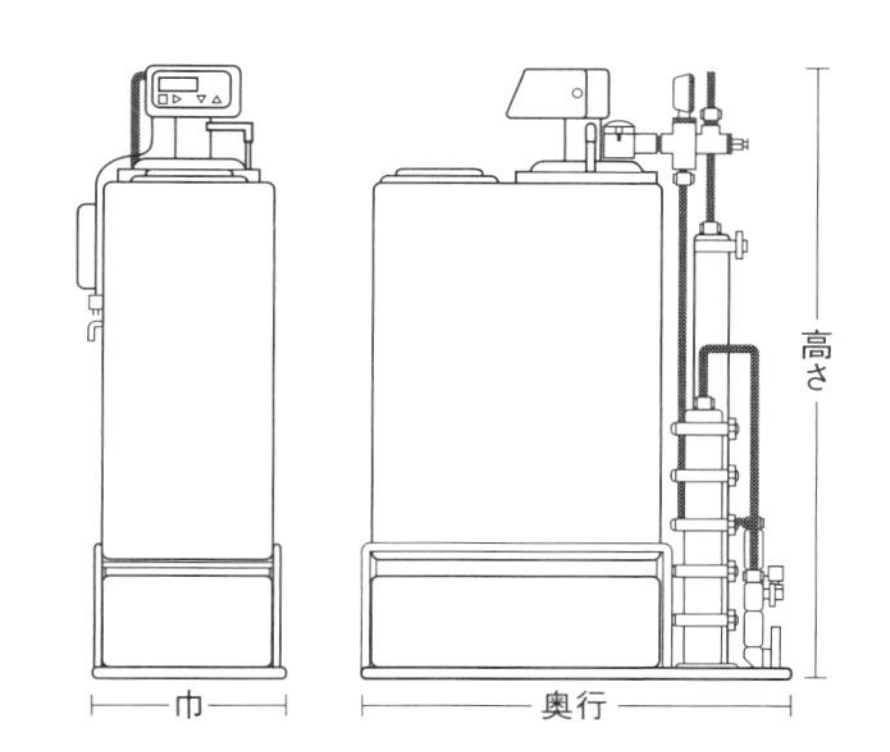

P・A・T
特　　許／第2889903号
商標登録／第4130759号
国際特許／主要国取得済み

付属品／ビニールホース（2）・オーバーフロート用ホースアタッチメント（1）
軟水チェック指示薬（1）・ビーカー（1）

創生水生成器の寸法 420mm×795mm×1,140mm

創生M-21G・創生M-21GW　仕様

項目	単位	M-21G・M-21GW
外形寸法	mm	420mm（巾）×795mm（奥行）×1,140mm（高さ）
イオン交換樹脂量	ℓ	28
最大通水量	m^3/h	1.75
採水量	m^3/1再生	28
配管口径	mm	20
常用圧力	kgf/cm^2	1.5～5.5
耐圧	kgf/cm^2	8.0
電流	V	AC100V　50/60Hz共用
消費電力	VA	常用3.0　再生時6.0
再生時間	分	50Hz：90／60Hz：83
再生間隔	—	自動再生
塩消費量	kg/再生	3.5
耐熱温度	℃	45

ご注意　1. 採水量は、原水硬度3.0° dH（53.5mg/$CaCO_3$）のときの水量を示します。
なお、採水量は原水硬度に反比例しますので6.0°dHの場合は、上表の1/2になります。
2. 塩消費量は、数回分の塩を一括投入したときの平均消費量を示しています。
3. 通水量80ℓ/h～3,700ℓ/hの範囲で使用してください。
80ℓ/h以下では、マイコンが作動しません。

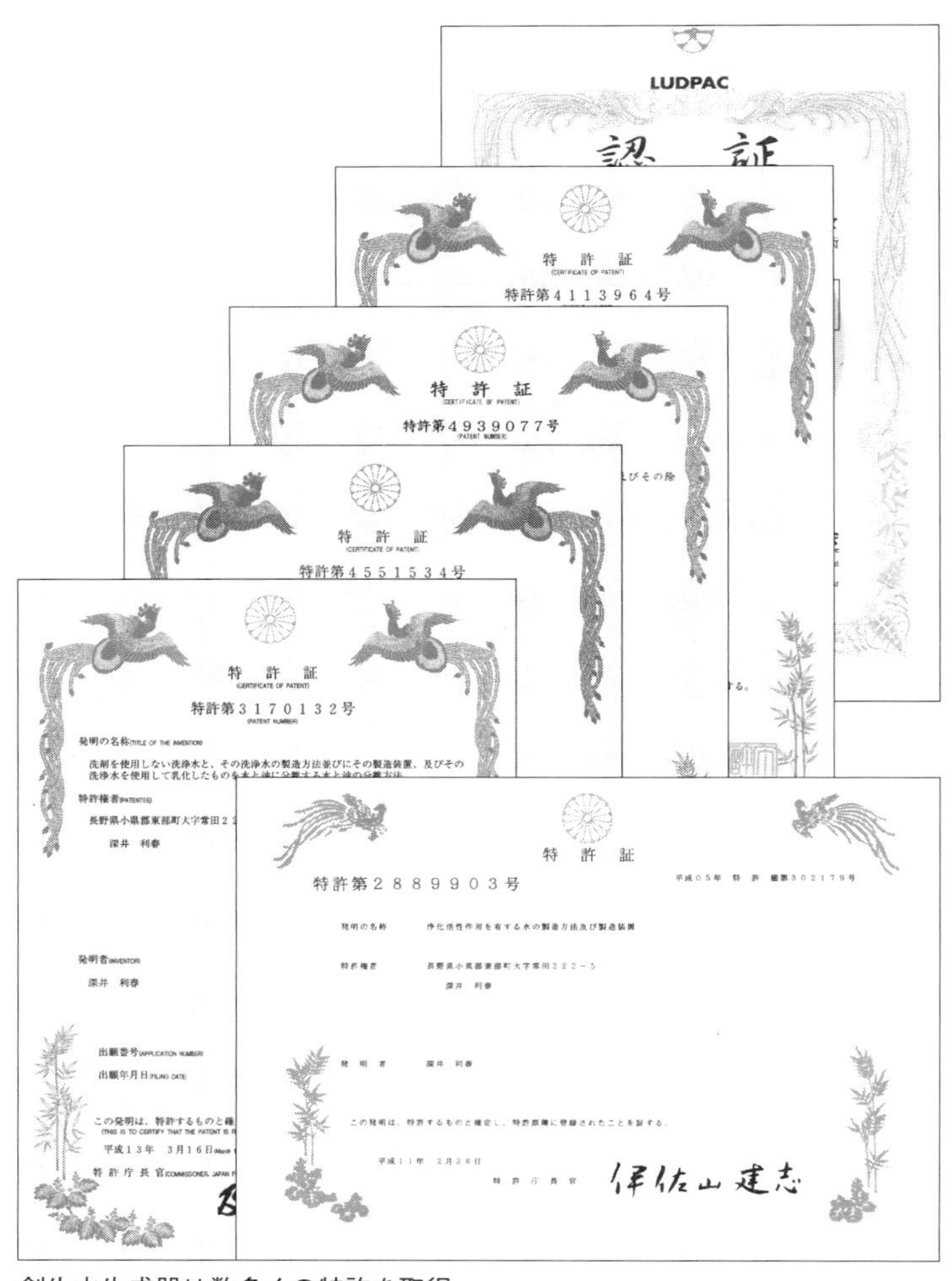

創生水生成器は数多くの特許を取得

創生水生成器の稼働数が増えれば環境は必ず改善される

この創生水が本物かどうか、疑う科学者と私は闘ってきた。本物の証明は学者の理論より使用者の体験が優先する。第８章以下で創生水生成器使用者を詳しく紹介していく。２０１６年7月25日現在、全国２０００ヶ所を超える家庭や店舗、工場、農家が導入。さらには海外でも創生水の評価は高まるばかりである。余談だが私の友人でもある、Ｋ１グランプリを3度制覇した20世紀最強のキックボクサー、ピーター・アーツ氏も創生水に共感され、２０１６年の夏にオランダの自宅に創生水生成器を設置した。創生水は海をわたって、オランダにもお目見えした。

生成器の稼働率が上がれば必ず環境は改善されていくはずだ。

私は前著作「洗剤が消える日。」で暮らしに潜むダイオキシンの危険を発見し、いわば暮らしを洗う水の提案を行った。なぜ生活を根底から洗うことができるのか。その答えの一つが、創生水に含まれるヒドロキシルイオン＝H_3O_2マイナスという水の分子構造なのである。

この分子は水と油を混ぜ合わせる力がある。つまり乳化作用をもっているという証だ。

この乳化作用を利用して、水は油と混ざり、燃えるのではないか、エネルギーになるのではないか、と考え始めたのである。

最初に取り組んだのは創生水によるエマルジョン燃料の開発である。さらにエマルジョン燃料を進化させた創生水の高機能化による創生フューエルウォーター（ＳＦＷ）の開発を行い、ボイラーをはじめエンジンへの適用を図っていった。

この事実を広く企業の方だけでなく、一般の生活者の方にしっかりしたデータをもとにお伝えしていくことが地球環境を守り資源の有効活用につながると考え、「水がエネルギーになる日。」を書き上げる決心をしたのである。

第3章

創生水とエマルジョン燃料

油と水が混ざり合った

創生水は、なぜ新しいエマルジョン燃料の開発をもたらしたのか。その謎を解く前提として、創生水が油と混じり合う実験をお見せしよう。

ここに蓋付きのガラス容器を2つ用意する。一方には水道水、もう一方には創生水が入っている。その中に同じ量の油を入れて振ってみる。どのような変化を起こすだろうか。水道水の中の油はしばらくすると表面に浮いてくる。しかし創生水に入れた油は時間が経っても油がほとんど浮いてこない。完全に混ざり合っている。

油と水が混じり合うことをO／Wエマルジ

創生水は油と水を融解させる

ョン乳化作用という。創生水はこの能力を単独でもっている。今まで学者は水と油は絶対に混ざらない、と言ってきた。しかし、現実に水（創生水）と油は混ざり合うことがこの実験によって実証されたのである。

改めて創生水の生成プロセスを振り返るが、原水（水道水）を軟水にしたあと、黒曜石で還元し活性水素反応を高め、トルマリンユニットでヒドロキシルイオンを発生させると、活性水素反応の高い、界面活性効果をもった水になる。つまり水の浄化を促進し飲用としても最適でしかも安定した界面活性効果をもつ軟水になるのである。このヒドロキシルイオンを化学式で書くと$H_3O_2^-$（マイナス）になるが、こうした原子の結び付きの存在を早くから認めていた学者がいる。１９９７年、米国ペンシルバニア大学教授のマーク・タッカーマン博士とマイケル・Ｌ・クライン博士の共同研究によって、今まで考えられなかったH_3O_2マイナスという水素と酸素原子の結び付きが証明されたのである。その結果は科学雑誌「Ｓｃｉｅｎｃｅ」で発表された。

エマルジョン燃料への挑戦

「創生水は燃える」といくら私が力説しても、開発当初は誰も信じてくれなかった。それは古くから「水と油は決して混じり合わないもの」という固定観念に縛られていたからだ。油という漢字には「さんずい」、つまり「水」がついているのである。単純思考の私は、もし水と油が混じり合って新しい燃料ができるのであれば、エネルギー消費量も減らすことができるだろうし、二酸化炭素排出や地球温暖化を進める様々な物質を減らすことができるのではないかと考え始めたのである。

創生水が燃えるという信念を具現化しようと最初に取り組んだのが、エマルジョン燃料への挑戦である。

通常、燃料は100%の燃焼効果を得られない。より効率的に燃焼させようと考案されたのがエマルジョン燃料である。本来、エマルジョン燃料は、水の微粒子を爆発気化（ミクロ爆発）させ、油の粒子を細分化し、酸素との接触面積を増やすことで完全燃焼に導くことができる。このため燃料油100%の燃焼を得ることができるのである。

しかし、エマルジョン燃料に使われている乳化剤が微粒子の爆発気化を邪魔していたため、理想通りの結果が得られず、長い間実用化されなかった。

つまり、乳化剤を使わないエマルジョン燃料が可能になれば、より高い燃焼効果が得られるはず、という考えのもとに、乳化剤を使わないエマルジョン燃料の開発に挑んだ。

開発は成功し、世界で初めて乳化剤を使わないエマルジョン燃料が誕生した。それが「FUKAIグリーンエマルジョン燃料」である。

実験は2007年、上田本社の研究所に設置された「炉」の燃焼試験からスタートした。

炉を設置し、FUKAIグリーンエマルジョン燃料のカロリー、CO_2、NO_xを測定した。カロリー測定は、炉で消費された排出ガスの出口調査で明らかにした。排ガス測定により算出された数値をリットルあたりのカロリーに算出換算。また、CO_2、NO_xは基油消費量を基準として、排ガス測定を行い、直読み値から算出換算している。各基油と創生水を混合した熱量、CO_2、NO_xの比較をした。その結果は別図の通りであった。

FUKAIグリーンエマルジョン燃焼実験用の炉

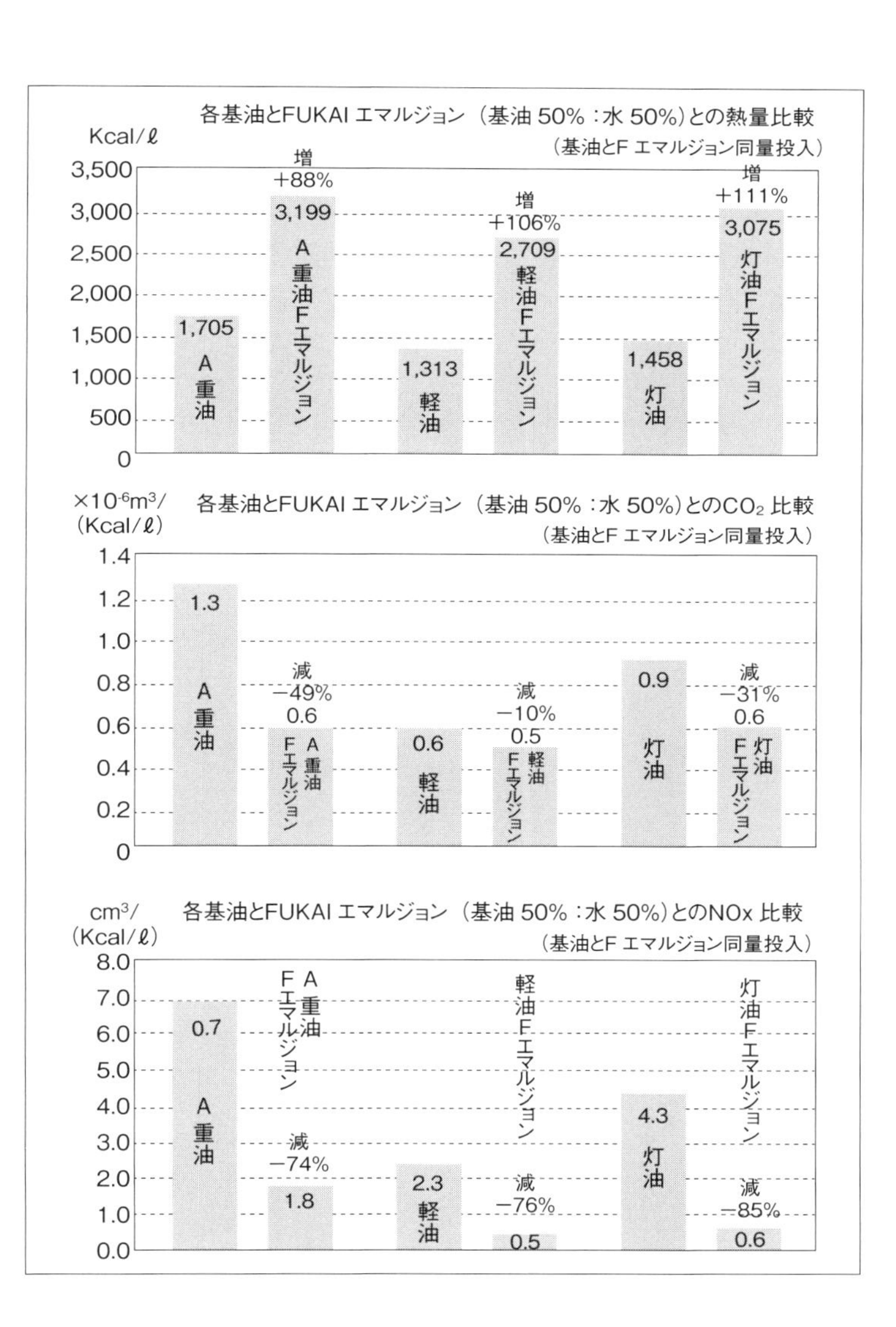
各基油とFUKAI エマルジョン（基油 50%：水 50%）との熱量比較
Kcal/ℓ
（基油とF エマルジョン同量投入）
3,500
3,000
2,500
2,000
1,500
1,000
500
0
1,705
A重油
増
+88%
3,199
A重油Fエマルジョン
1,313
軽油
増
+106%
2,709
軽油Fエマルジョン
1,458
灯油
増
+111%
3,075
灯油Fエマルジョン
×10-6m3/(Kcal/ℓ)
各基油とFUKAI エマルジョン（基油 50%：水 50%）とのCO2 比較
（基油とF エマルジョン同量投入）
1.4
1.2
1.0
0.8
0.6
0.4
0.2
0
1.3
A重油
減
−49%
0.6
A重油Fエマルジョン
0.6
軽油
減
−10%
0.5
軽油Fエマルジョン
0.9
灯油
減
−31%
0.6
灯油Fエマルジョン
cm3/(Kcal/ℓ)
各基油とFUKAI エマルジョン（基油 50%：水 50%）とのNOx 比較
（基油とF エマルジョン同量投入）
8.0
7.0
6.0
5.0
4.0
3.0
2.0
1.0
0.0
0.7
A重油
A重油Fエマルジョン
減
−74%
1.8
2.3
軽油
軽油Fエマルジョン
減
−76%
0.5
4.3
灯油
灯油Fエマルジョン
減
−85%
0.6

結果は、私の想像をはるかに超えるものであった。

熱量比較においては、基油50％と創生水50％の混合では、A重油においては88％増、軽油では106％、灯油では111％増という結果をもたらした。CO_2に関しても、基油100％と比較すると、マイナス10％からマイナス49％減を実現。NO_xについては各基油と比べてマイナス74％からマイナス85％という結果だった。

この炉内における実験はその後も何回も繰り返された。創生水を使ったエマルジョン燃料にすると、基油の使用量が約半分で100％のカロリーを生み出すことが実証された。当社内の実験装置による実験を㈱信濃公害研究所が計量測定した結果である。

燃焼実験の模様を再現してみよう。写真にあるように、重油100％と各種油の燃え方に変化が見られた。

A重油100％の場合、燃えカスが筒の下に残っており不完全燃焼をしているのがわかる。FUKAIグリーンエマルジョンを使用した筒からは燃えカスが出ずに完全燃焼をしている。FUKAIグリーンエマルジョンを混ぜることによって還元型の燃焼が起こり完全燃焼を実現する。別の見方をすると、炎の出方である。A重油のほう

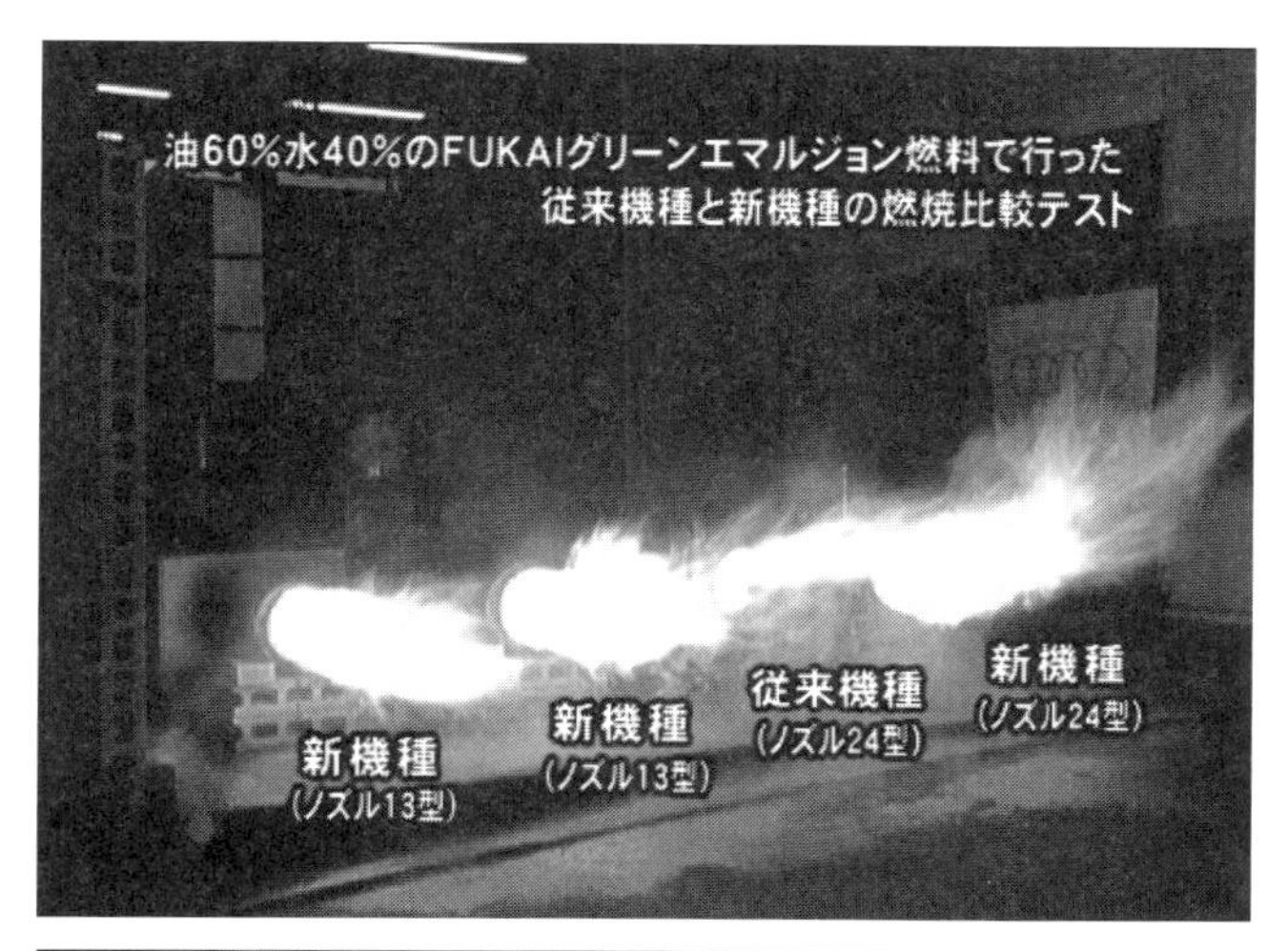

FUKAIグリーンエマルジョンの燃焼テスト

は火が周辺に飛び散り、ばらつきがある。FUKAIグリーンエマルジョンは、ばらつきがなく均一に炎が飛び出していく。

完全燃焼をするから、CO_2やNO_xなどの発生が、A重油の半分までに抑えられるのである。

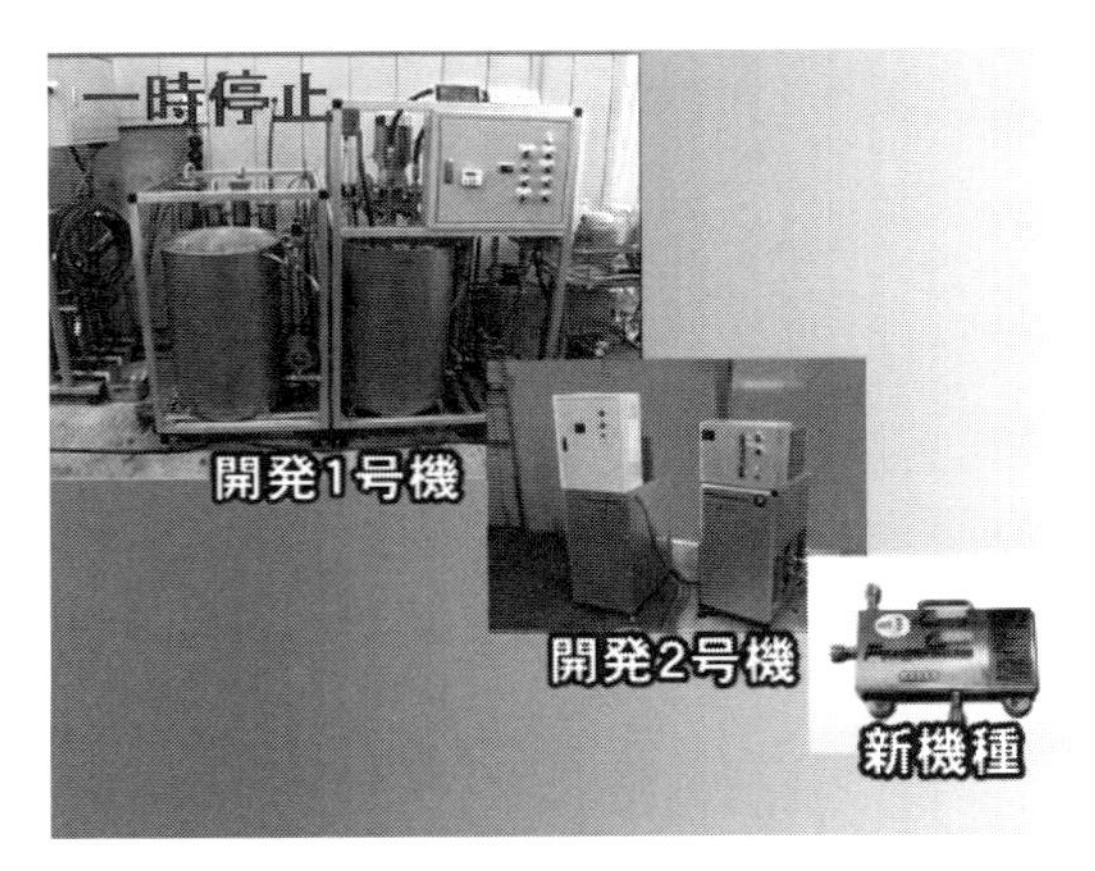

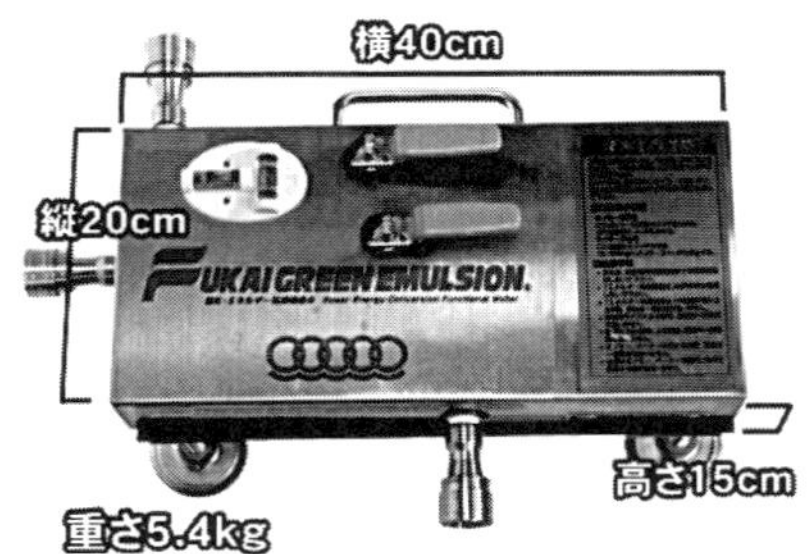

FUKAIグリーンエマルジョン生成器の変遷

「エマルジョン燃料の分散性と水の成分」

信州大学名誉教授 藤松仁先生の実験報告

こうした我々独自の実験結果を得て、なぜ創生水を使ったエマルジョン燃料が燃焼するのかを、大学の先生に検証していただいた。信州大学名誉教授の藤松仁先生は独自の実験を経て「エマルジョン燃料の分散性と水の成分」というテーマで報告してくださった。そのレポートを原文のまま掲載する。

エマルション燃料の分散性と水の成分

信州大学　名誉教授

藤松　仁

研究背景

F社の創生水（水）を用いて調製されたエマルションが連続的に燃焼することが知られているが、この創生水がなぜ油中に分散しエマルションを形成するのか、その理由は未解明である。

F社のエマルション燃料

A重油 60 %
処理水 40 %

・界面活性剤を用いていないがエマルションを生成する

・A重油(分解軽油9割、残油（重質油）1割)100 %の場合と同様に燃えるとされている

F社の創生水生成プロセス

水道水
↓
イオン交換樹脂処理
↓
黒曜石 (主成分 : SiO_2,Al_2O_3)処理
↓
トルマリン (主元素 : Si,Al,Fe)処理
↓
処理水

目的　界面活性剤を用いずにA重油に添加した水がエマルションを生成するメカニズムの解明

参考URL : http://www.soseiworld.co.jp/details/mechanism.html

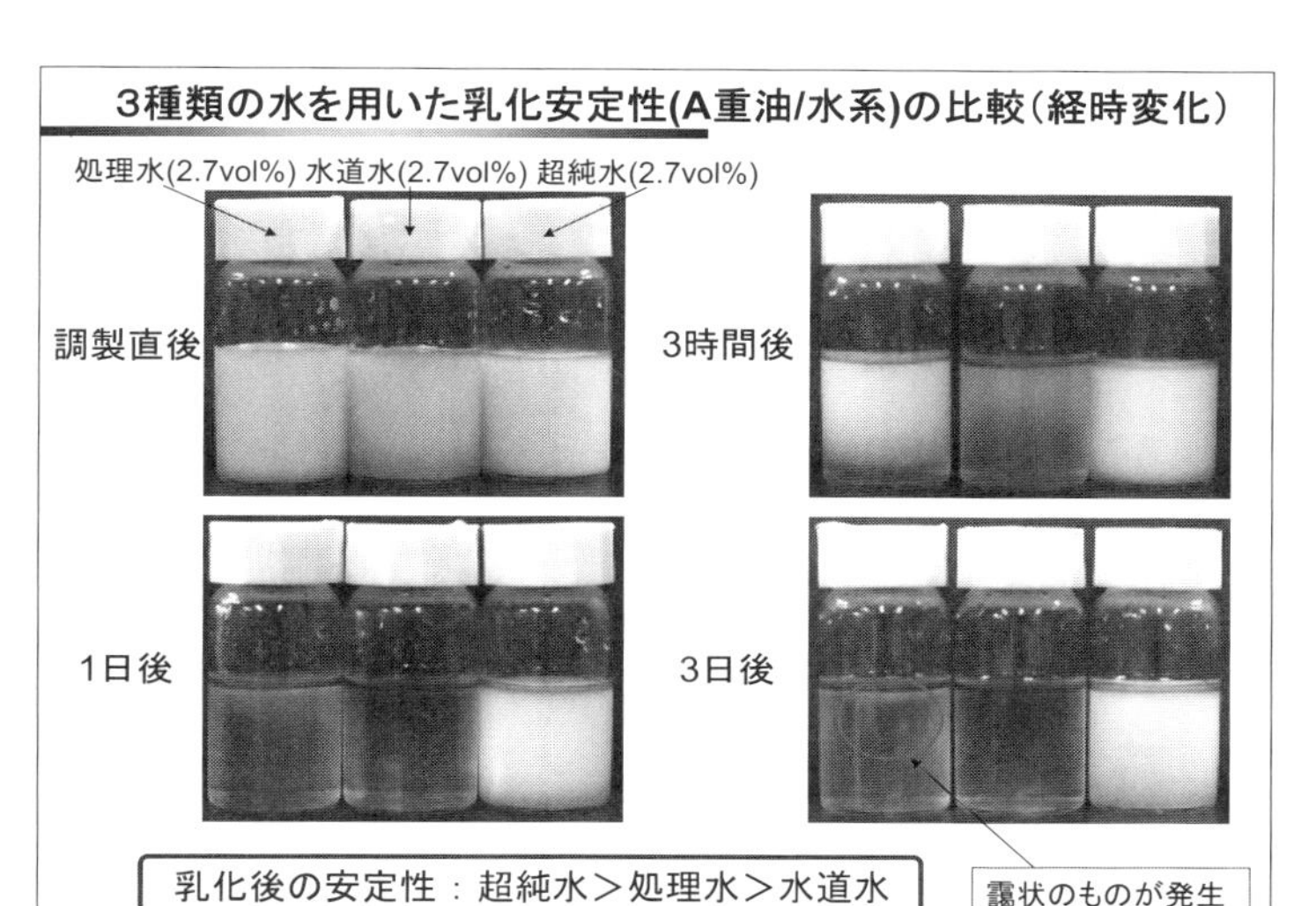
3種類の水を用いた乳化安定性(A重油/水系)の比較（経時変化）
処理水(2.7vol%) 水道水(2.7vol%) 超純水(2.7vol%)
調製直後
3時間後
1日後
3日後
乳化後の安定性：超純水＞処理水＞水道水
靄状のものが発生

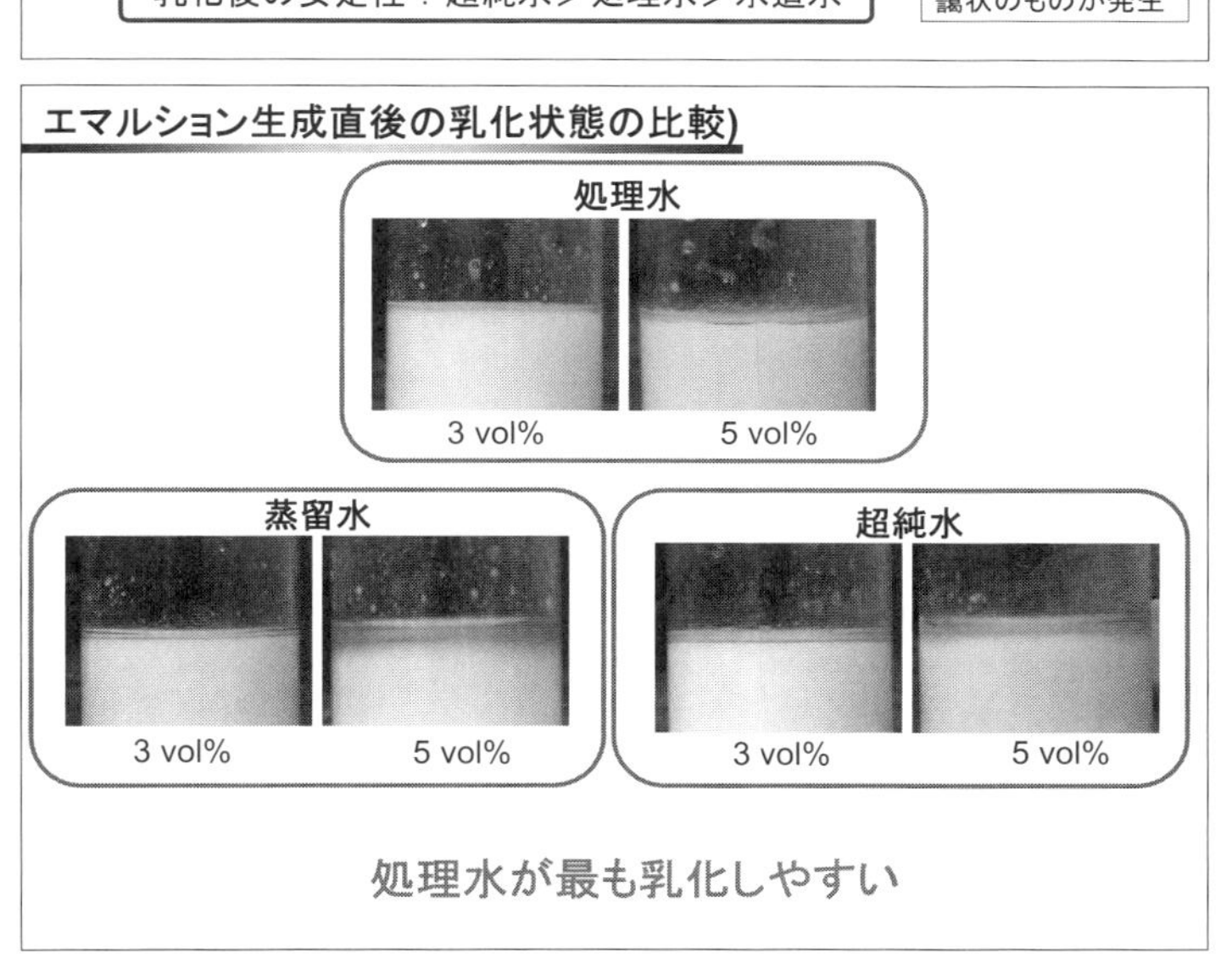
エマルション生成直後の乳化状態の比較)
処理水
3 vol%
5 vol%
蒸留水
3 vol%
5 vol%
超純水
3 vol%
5 vol%
処理水が最も乳化しやすい

エマルションに影響を及ぼす因子と測定方法

安定性に影響を及ぼす因子

- 分散粒子の大きさと分布
- 表面張力
- 粒子の表面電荷
- イオンの存在

測定方法

- 粒度分布測定
- 表面張力測定
- ゼータ電位測定
- イオンクロマト測定

エマルション粒子の平均径と平均径の標準偏差

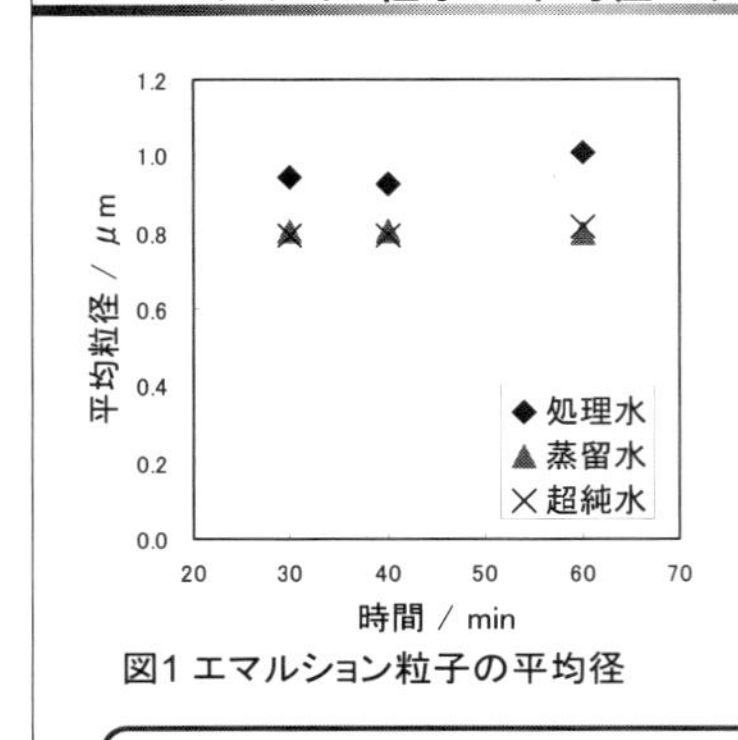

図1 エマルション粒子の平均径

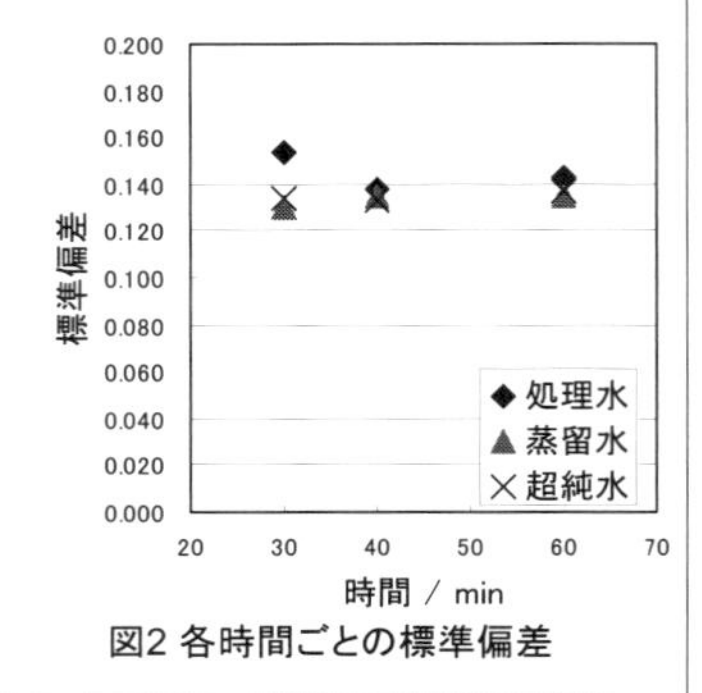

図2 各時間ごとの標準偏差

- 平均径は超純水、蒸留水の方が若干小さいがほとんど差はない
- 1時間経過の時点での粒子サイズの分布度合いに差はない

3種類の水とA重油の表面張力及びゼータ電位測定結果

表1　各種の水の表面張力（20 ℃）

表面張力[mN/m]					
蒸留水	水道水	超純水	イオン交換水	処理水	A重油
71.9	71.9	71.3	69.5	71.9	28.4

表2 各種の水を用いたエマルション中の水粒子のゼータ電位

分散質	Zeta Potential /mV
超純水	21.2
イオン交換水	20.6
蒸留水	20.3
処理水	−33.0

◎いずれの水の表面張力もほとんど同じであり、処理水に界面活性は認められない。

◎エマルション中の水粒子の表面電位は処理水の場合のみ負電位
➡ 水粒子表面が負電荷を帯びている

イオンクロマトグラフィーによるイオン種の測定結果

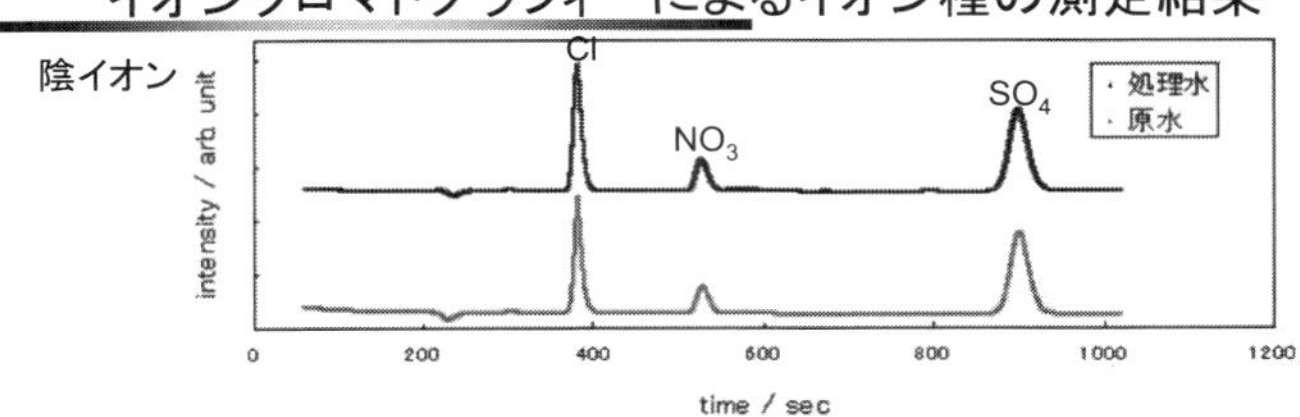

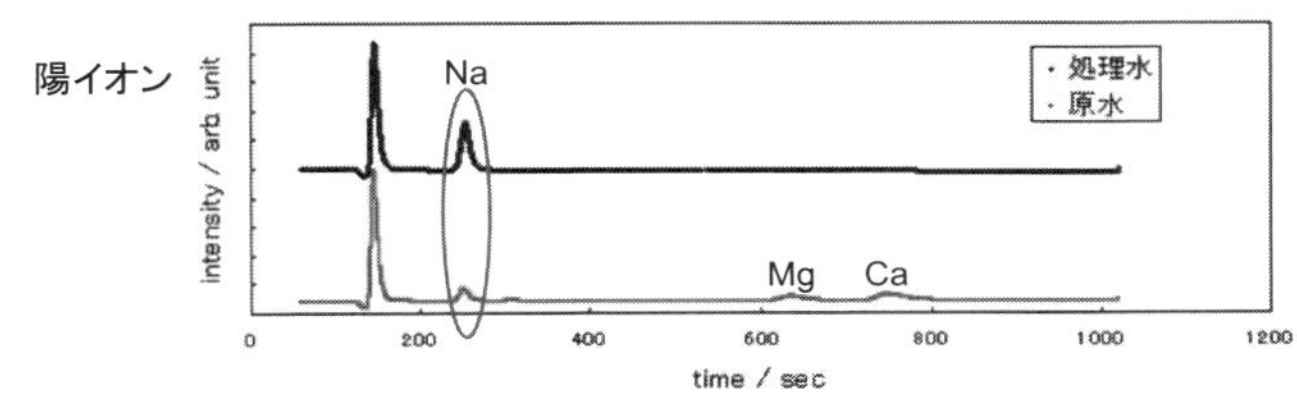

◎原水(水道水)と比べMg、Caが除去され、Naが4倍に増加している

◎ナトリウムとA重油中の成分が反応し界面活性物質を生成している可能性がある

蒸留水のトルマリン処理による含有成分元素の濃度変化

表4 トルマリン処理による含有成分元素の濃度変化

試料	Na 濃度 [ppm]	B 濃度 [ppm]	Si 濃度 [ppm]	Ca 濃度 [ppm]	Mg 濃度 [ppm]
蒸留水	3.85	0.01	0.15	0.04	0
トルマリン処理水	21.31	1.68	0.31	0.01	0.01

灯油のGC分析結果

灯油の油性物質のアルキル鎖の長さには分布があり、C10を中心にC8～C15のものが存在している。沸点範囲としては約180℃～300℃の石油留分を含んでいる。

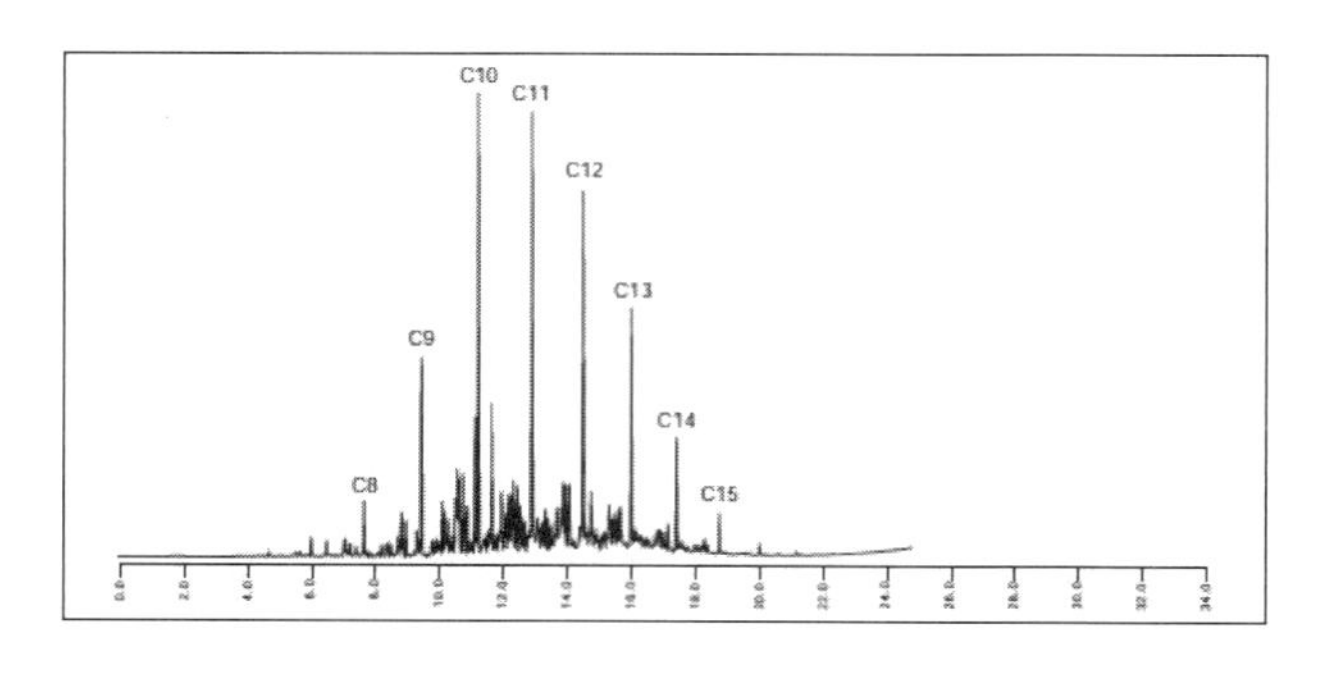

軽油のGC分析結果

軽油中の油性物質のアルキル鎖の長さには分布があり、C_{15}を中心にC_9～C_{26}のものが存在している。

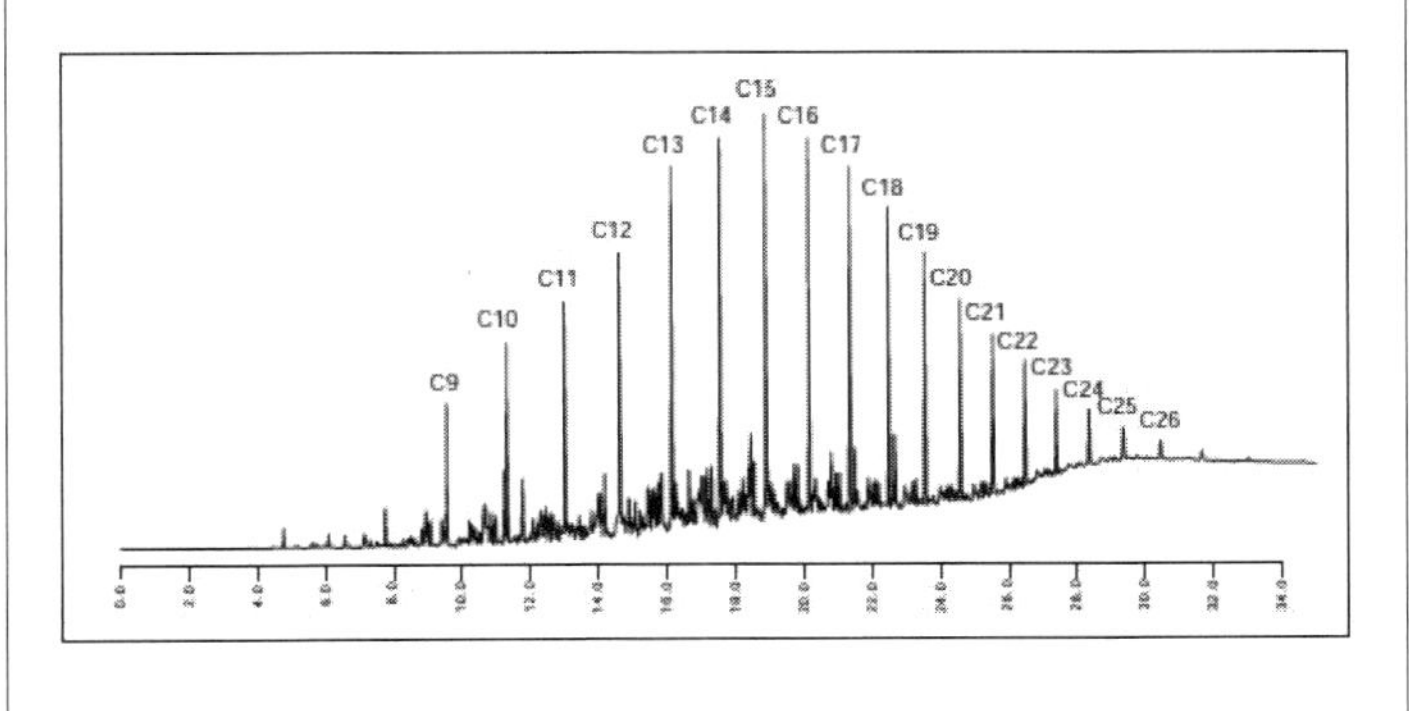

まとめ（1）

- A重油に3種類の水を3vol%加えたエマルション生成直後の状態は、処理水の場合A重油がほとんど乳化されるのに対し、蒸留水及び超純水の場合は未乳化A重油が観察される。
- 水5vol%を加えて生成したエマルションの場合は、いずれの水についても未乳化A重油が見られる。未乳化A重油の量が少ないのは、処理水、超純水、蒸留水の順である。
- エマルション中の水粒子の平均径はいずれの水の場合も0.8～1.0μmの範囲であり、ほとんど差は認められない。

まとめ（2）

- エマルション生成後1時間経過後のエマルション中の水粒子サイズの分布度合いは、いずれの水についても変化は認められない。
- 処理水及び原水（水道水）の表面張力は超純水のそれとほぼ同じであり、したがって処理水自体に界面活性は認められない。
- 処理水を使用したエマルション中の水粒子の表面電位のみが負電位である。
- 創生水中に含まれるイオン種は原水と比べ、Mg、（マグネシウムイオン）及びCa（カルシウムイオン）が検出されないのに対し、Na（ナトリウムイオン）のみが約4倍に増加している。

総括

処理水について

・処理水は蒸留水、超純水より乳化しやすい。
・処理水自体に界面活性は認められない。
・処理水中には原水中に比べ約4倍のナトリウムイオンが存在している。
・処理水を使用したエマルション中の水粒子の表面電位のみが負電位である。

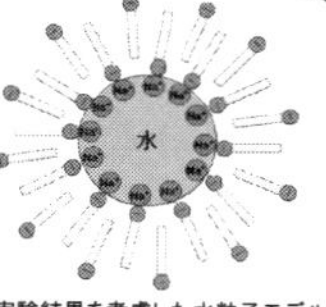

実験結果を考慮した水粒子モデル

これらの実験結果を考慮すると創生水がA重油とエマルションを形成する主原因は次の通りであると考えられる。

➡エマルション生成時に創生水に含有するナトリウムとA重油の成分が反応して界面活性物質を生成していると考えられる。

➡生成した界面活性剤が水粒子表面に吸着し、二重膜構造を形成することにより、水粒子の表面電位が負の値になっていると考えられる。

➡この界面活性物質の吸着及びそれに伴う水粒子間の静電反発により水粒子が比較的安定に分散すると判断される。

藤松先生は処理水（FUKAIグリーンエマルジョン燃料）について次のように総括された。

〈総括〉

蒸留水、超純水より乳化しやすいが、処理水自体に界面活性は認められない。処理水中には原水中に比べ約4倍のナトリウムイオンが存在している。一方、原水中に存在していたカルシウムイオンやマグネシウムイオンが処理水には検出されない。処理水を使用したエマルジョン中の水粒子の表面電位のみが負電位である。

これらの実験結果を考慮すると創生水がA重油とエマルジョンを形成する要因は次の通りであると考えられる。

●エマルジョン生成時に創生水に含有するナトリウムとA重油の成分が反応して界面活性物質を生成していると考えられる。また、処理水中にカルシウムイオンやマグネシウムイオンが存在していないため、水に溶けにくい界面活性物質が生成されないと考えられる。

●生成した界面活性剤が水粒子表面に吸着し、二重膜構造を形成することにより、水粒子の表面電位が負の値となっていると考えられる。

●この界面活性物質の吸着及びそれに伴う水粒子間の静電反発により水粒子が比較的安定に分散すると判断される。

さらに直近（２０１６年３月）の取材で、先生は次のように化学式で創生水添加のエマルジョンが燃焼する構造を改めてまとめてくださった。

「石油や重油をボイラー等で燃焼して熱を取り出すのですが、このときの燃焼を化学式で表しますと、$C + O_2 = CO_2 + Q$（ここで、Ｑとは燃焼熱のことです。）のようになります。この式は石油や重油がすべて燃えて二酸化炭素になることを前提にしており、その場合は『完全燃焼』と添え書きします。

しかし、実際には一部が不完全燃焼して、$C + 1/2O_2 = CO + Q1$ の反応になり、それがそのまま排出（排気）されてしまいます。

ここに、水性ガスシフト反応が介在したらどうなるでしょうか。水が添加されない場合ですと、不完全燃焼で生じた一酸化炭素はそのまま排気されてしまうのですが、水性シフト反応、$CO + H_2O = CO_2 + H_2 + Q$（２）が起これば、さらに水素ガスは酸素との反応性が高いため、引き続き $H_2 + 1m/2O_2 = H_2O + Q$（３）が起こることが容易に考えられます。

つまり、そのまま排気されてしまう運命にあった不完全燃焼により生成された一酸化炭素が、水性ガスシフト反応が起こることで、一酸化炭素が二酸化炭素に変化するとともに、この反応により新たに生成される水素が燃焼して水になる一連の反応が起こることが予想されます。水性ガスシフト反応による反応熱Q（2）は、やや発熱とされており、また水素が酸素と反応する反応熱Q（3）は、大きな発熱であることが知られています。したがって、これら一連の反応による反応熱はプラスになります。

ボイラーなどは、いかに完全燃焼させるか、そのために様々な工夫をしていますが、完全燃焼させることは難しいのです。しかし、水性ガスシフト反応が起これば、一酸化炭素が二酸化炭素になり、副次的に生成する水素も燃えて水になることで、比較的大きな熱を取り出すことができると考えられます。

この考え方で、創生水を用いたエマルジョンを燃やすことで発熱量が増加することは理解できたとして、水と重油を混合したエマルジョン中の水が重油の燃焼を妨害しないことが重要です。また、小さな水粒子（水滴）にすることで水粒子が小さい状態で安定して存在できるようになります（エマルジョンの安定性）。

創生水はこの条件を備えているから、創生水を添加したエマルジョン燃料は燃えるのだと思われます」

「創生水は油と混ざって水蒸気改質を起こしエネルギーになる」

防衛大学名誉教授　鶴野省三先生の報告

さらに、防衛大学名誉教授である鶴野省三先生は２００８年から約2年にわたりＦＵＫＡＩグリーンエマルジョン燃料の発熱量を測定され、「創生水は油と混ざって水蒸気改質を起こしエネルギーになる」という原理を解き明かしてくださった。

その測定結果は別図のように示された。図は創生水と軽油の混合比を変えて測定した数値である。以下は先生の報告書をまとめたものである。

鶴野教授の実験結果報告

重油と水のエマルジョンは、そこに適当な触媒があれば水蒸気改質反応が発生し、水に含まれる水素エネルギーが開放され、重油のみならず水もまた燃焼熱を発生する。

通常のエマルジョンではこのような反応は発生しないと思われるが、創生水は、それ自体が重油と親和性があり（鹸化作用）、水蒸気改質が発生するのか、その発熱量は基油がもつ発熱量以上の発熱が測定された。それゆえ、燃料電池で水素発生をさせる

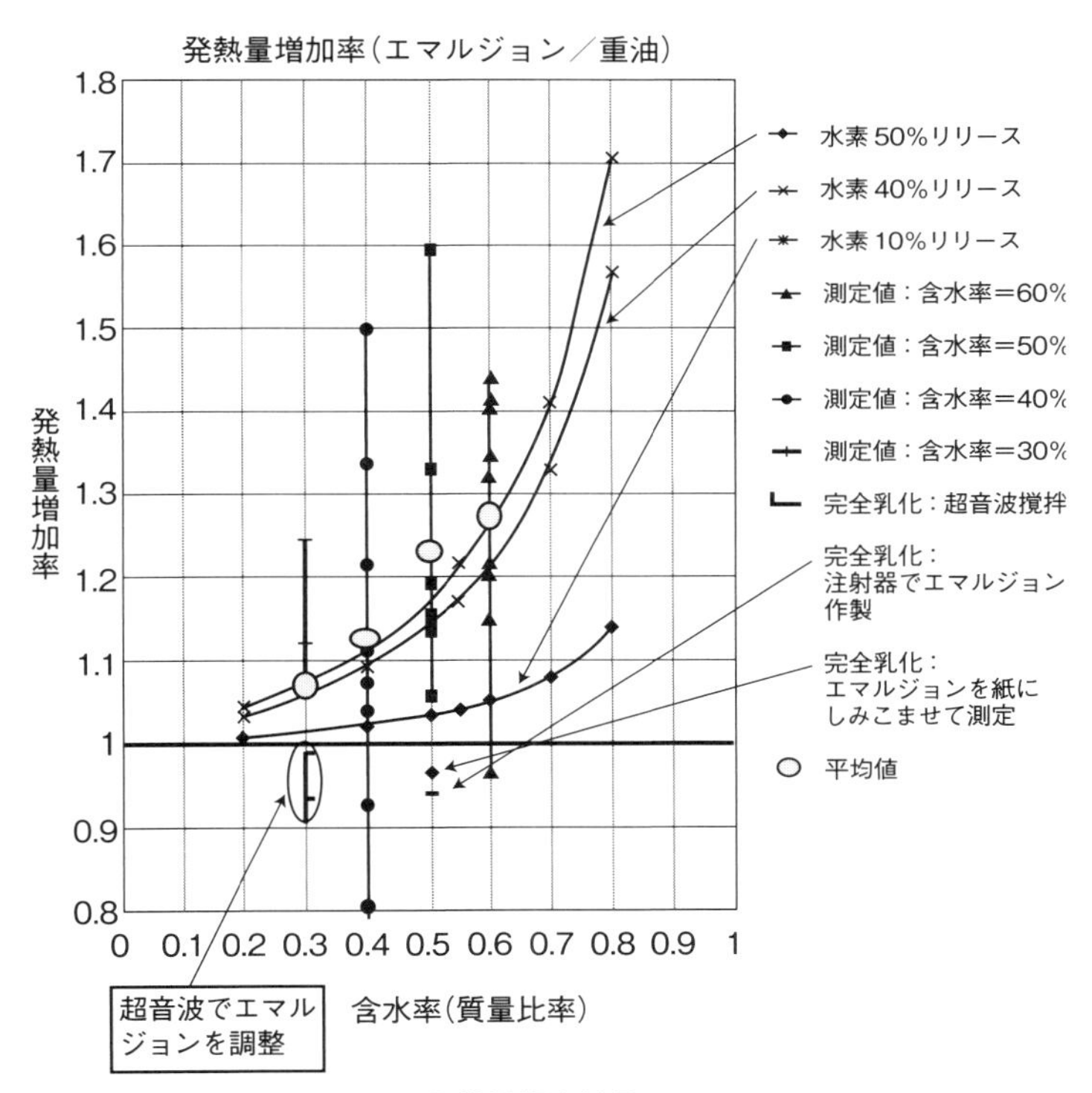

FUKAIグリーンエマルジョン発熱量規定結果

改質反応と同じ反応が創生水の燃焼過程で発生している可能性を示唆している。

測定に供する創生水とA重油の混合比はそれぞれ3対7、4対6、5対5、6対4の4つのケースを設定した。測定方法は自動計測ができる当時としては最新の熱量計を採用した。

その結果がグラフで示すような数値となった。

図は発熱量の倍率を縦軸にとり、横軸には創生水の含水率をとった。図中の曲線は、水の水素分のうち発熱量として開放された場合の発熱量増加率を示すものである。ここでは水素分の50%、40%、10%が発熱した場合の創生水の発熱量増加率を示している。

発熱量増加率が1の場合を太線で示しているが、これ以上であれば、創生水は基油の発熱量より多く発熱したことになる。それ以下では基油より小さいということになる。

発熱量測定は含水率が0・3、0・4、0・5、0・6について測定した。測定結果は各含水率で直線上にプロットがあるが、それが測定値である。直線はデータがばらついた範囲を示している。楕円で囲った部分は各含水率における発熱量の平均値である。

したがって平均値は水素50％リリースのライン上をなぞるように分布する。換言すると水蒸気改質による水反応率は50％程度であることを示している。

FUKAIグリーンエマルジョン燃料は、含水率を60％にすると発熱量増加率は1・27程度となる。すなわち基油に対して約30％近く燃料節約になる。この結果はほぼ間違いないものと考えており、これを活用・実用化することは計り知れない原油節約につながる。

これは世界中の石油埋蔵量が約30％増えたことに匹敵する。FUKAIグリーンエマルジョン燃料を有効に使えば石油の延命につながる可能性があるともいえる。

FUKAIグリーンエマルジョン燃料を高く評価

FUKAIグリーンエマルジョンを事業化できると高く評価してくださったのが、ARECプラザである。ARECプラザは、長野県上田市が進める、将来性がある企業に対する助成金制度の審査業務を請け負う機関である。総合コーディネーターの木村良一さんからは次のようなメッセージをいただいた。

「エマルジョン燃料といいますと、ほとんどのエマルジョン燃料は界面活性剤を使って混合していることで使われていることが多いが、それはいろんな問題がある。一方深井さんのものはそれを使わずに混合しているところでは技術的に新規性があるし、大化けするかもしれないと審査会で感じ、その辺りをなんとかお手伝いしたいと思いました。なぜ、水と油が混ざるんですかという理論的な解明がなかったので、その辺りを大学の先生などに解明をお願いすれば大きな事業化の可能性が高まるのではないか、という思いがあり、かなり高い得点を出しました。地域に新しい産業を興していきたいというのが基本的な理念ですから、理論的な解析は不十分だが結果をみると非常に良い成果を出している。今、環境問題が騒がれているなか、化石燃料を大幅に削減できる可能性がある。実績は確実に出ている。これからの燃料需要に応えていく、大きく羽ばたく可能性があるからお手伝いしていきたいと思っている」（審査会談話）

こうした後押しもあり、私は創生水によるエマルジョン燃料を多くの産業分野に導入する活動を本格化させていったのである。

しかし、このＦＵＫＡＩグリーンエマルジョン燃料システムをもっと簡便にもっと手軽にすることはできないか、という私の挑戦が再び始まった。

そのためには、エマルジョンという概念をはずして、創生水単独でエネルギーに転換する道はないかと模索し始めたのである。それが非エマルジョンとしての「創生フューエルウォーター（ＳＦＷ）」なのである。

ニュース雑誌「TIME」が次世代エネルギーに注目

私のそれまでの挑戦を世界的なニュース雑誌「ＴＩＭＥ」が取り上げてくれたのは、２０１０年９月のことである。１７６号に「東洋から生まれた次世代エネルギー　水が変わればすべてが変わる〝創生水〟」というタイトルで、見開き２ページで私の歩んだ道、信念を紹介してくれた。この記事は世界的な反響を呼び、ニューヨークでの全米海外特派員協会の記者会見が実現した。記者会見には世界各国のメディア、研究機関が集結した。ＴＩＭＥの記者をはじめ、ニューヨークタイムズの記者、コロンビア大学の教授などその顔触れは多彩であった。この記者会見を皮切りにその後、私への取材が数年続いたことを今でも鮮明に覚えている。私の水に対する情熱、新しいエネルギーとしての創生水が世界に羽ばたいた時期であった。

これら一連のメディア対応をしてくださったのが、私の友人でもある当時米TIME社の日本代表であった富永啓一郎氏である。彼とは今でも親交があり、当社の様々なメディア活動を側面からフォローしてもらっている。当時を振り返って改めて富永氏から話を聞いた。

「この記事はSPECIAL ADVERTISING SECTIONつまり、日本でいうPRページであるが、TIME誌の掲載基準はことのほか厳しい。私が深井氏に惚れ込んで、この企画を米国本社編集部に持ち込んだのだが、なかなかGOサインが出ない。PRページだからといって信用のおけない記事やいかがわしい内容のものは一切受け付けないのがTIMEスタイルである。私がインタビューして記事をまとめたが、3回のチェックを経てようやく掲載が決まった。それだけに感慨はひとしおだった。東洋から新しいエネルギーが生まれたというタイトルは刺激的で、読者からの反応もすさまじかった。掲載後多くのメディアが深井さんに殺到したのもうなずける。私のポリシーは二流三流腹黒とは付き合わないことだ。深井さんの信念は石より固い。これからも応援していきたい」（富永氏）

なんとも心強い限りだ。富永氏は海外にいる10万人のジャーナリストにメッセージを一斉発信できる驚くほどのパワーをもっている。2016年8月にニューズウィーク日本語版、英語版に私の活動の紹介記事が掲載された。TIME誌に掲載された記事のインタビュアーは富永氏である。次に翻訳した記事を紹介する。当時の私の夢も語られている。

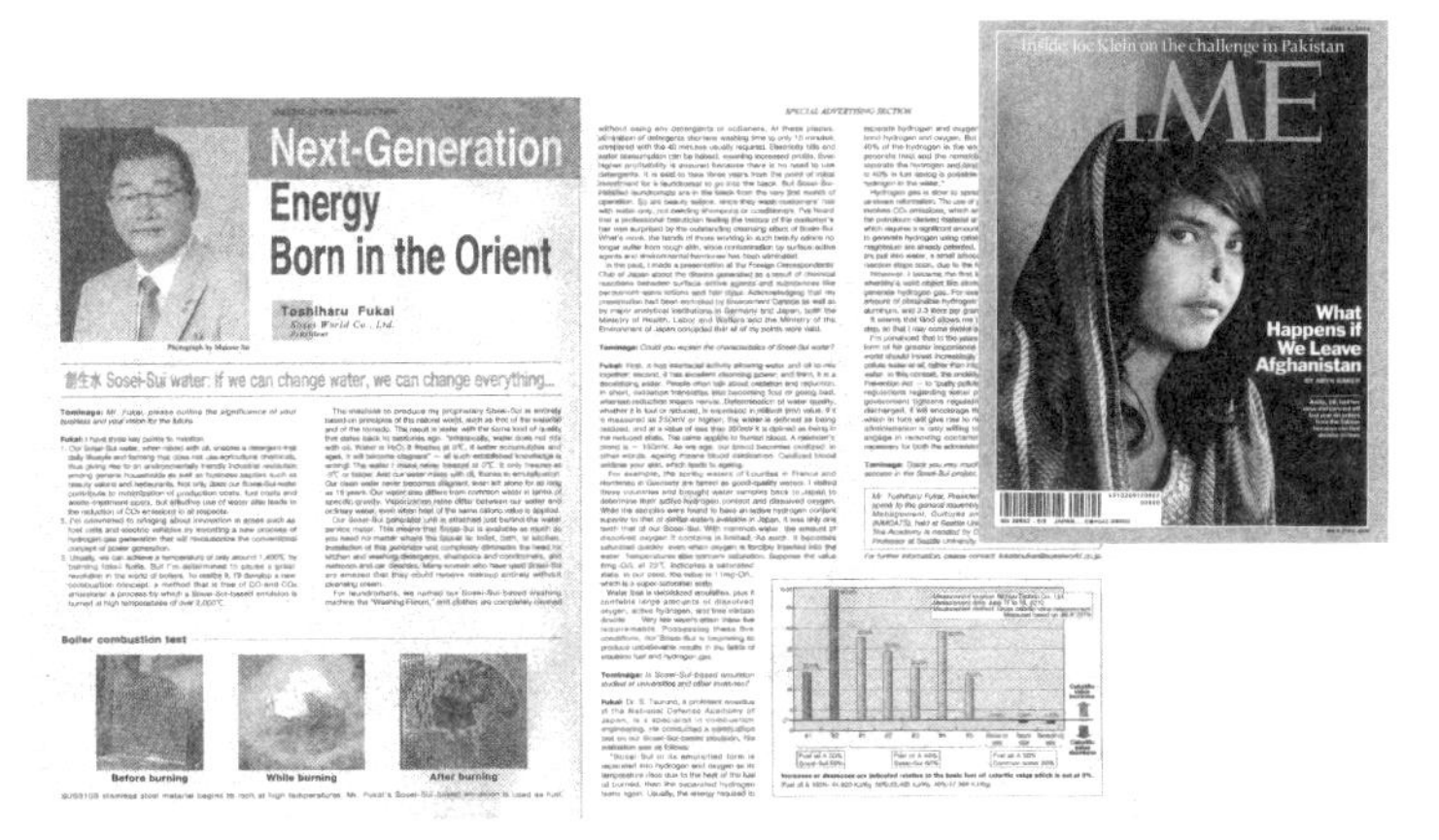
Next-Generation Energy Born in the Orient

Toshiharu Fukai

創生水 Sosei-Sui water: If we can change water, we can change everything...

Boiler combustion test

Before burning

While burning

After burning

「TIME」2010年9月 VOL.176に掲載された記事

富永 深井社長の事業の意義と今後のビジョンについてお聞かせください。

深井 次の3つに集約できます。

1 創生水という水が油と混ざることによって、洗剤のいらない生活や農薬を使わない農業など環境にやさしい産業革命が一般家庭や美容室、レストランなどの産業界で始まっている。製造コスト、燃焼コスト、廃棄物の処理コストなどを抑え、また水の有効利用はすべてのCO_2削減につながっている。

2 新しい水素ガスの生成方法を生み出し、発電の基本概念を変え、燃料電池、電気自動車などの方面での変革をもたらす。

3 創生水を使ったエマルジョンという液体を2000℃以上に高燃焼させる。

富永 今、言われた創生水という水が、深井社長の新技術の重要な要素になっているようですが、その創生水を開発されたきっかけは?

深井 私の父は、信心深く人のために尽くして生きてきましたが、膵臓がんで他界しました。その死を受け入れ難く、父と一緒につくった研磨業の部品を見ては泣いて、そんな1年が過ぎました。

私は、父のいない虚しさを埋めるため仕事に没頭しました。レストランとホテルを2軒経営したのですが、その崖の下に千曲川がありました。排水は浄化槽を通して千曲川に落としていましたが、あるとき、浄化槽が役に立たず垂れ流し状態になっていることに気がつき愕然としたのです。それから私の意識が変わり始めました。ホテルもレストランも全部やめてしまったとき、周囲の人間には私が狂ったと思った者もおりました。そして環境運動に身を投ずるなか、祖母との会話のなかからヒントを得て、水をクリアーにすれば洗剤はいらなくなると気がつき、そこで「私がつくる水はすべて自然の理に基づいてつくろう」と水を研究し始めた。そのなかで生まれたのが創生水です。

自分の開発した創生水をつくる機械は滝の原理、竜巻の原理など自然界の原理を取り入れています。そこから何百年前の昔の水が出てくるようになった。不思議なことに水と油が混ざる。「基本的に水は油と混ざらない。水はH_2Oである。0℃で凍る。水が溜まると腐る」これらは全部嘘。私のつくった水は0℃では凍らない。マイナス3℃以下で初めて凍る。水と油はエマルジョンという乳化作用を起こして混ざる。水がクリアーになっていると13年ほうっておいても腐らない。水の屈折度の定説も覆しました。うちの水に光を当てると定説と違った角度で屈折します。水の重さも違います。同じ熱量を掛けても蒸発率が違う。水と油が混ざる率をつくり出して様々な用途に使っています。

創生水の機械は水道のメーターのあとに付けるので台所でもお風呂でもトイレでもどこへでも好きなだけ水が出てくる。油汚れが落とせて、アトピー性皮膚炎が改善され、温泉効果があり、消臭効果があり、アオカビが発生しにくい。そういういろいろな効果がある。一つの家庭を例にとれば、この機械が付くことによって、台所用洗剤、洗濯洗剤、お風呂のシャンプー、リンス、トイレの洗剤、車のクリーナーは一切必要ありません。奥様方は「クレンジング・クリームを使わずに化粧が落ちる」とびっくりする。

コインランドリーでは、お洗濯フォーラムという名前を付けて、洗剤、柔軟剤を一切入れないということを掲げて運営しています。通常は、40分かかる洗濯時間が洗剤を使用しないためにすすぎの過程が不要で、15分に短縮されます。電気代は当然半分になりますね。使う水の量も今までの半分で、それが利益に還元します。洗剤がいりませんので利益率が上がる。コインランドリー業は投資して黒字になるまで3年かかる。うちの場合、投資してその月から黒字です。美容室も同じですね。シャンプー、リンスなしで頭を洗っているわけですね。専門家が触ってすごいリンス効果があると驚いている。さらに働いている人の手荒れがなくなり、界面活性剤、環境ホルモンによる汚染がなくなるわけです。

10年ほど前、私はパーマ液とか毛染め剤が界面活性剤と化学反応を起こして、ここでダイオキシンが発生しているということを、外国人記者クラブで発表したことがあります。カナダ環境庁、ドイツ、日本の分析機関の証明をとりましたので日本の厚生省、環境省は全部認めました。

私は美容界やクリーニング業界、洗剤メーカー等を潰すつもりで発表した訳ではなく、「そこで働いている人のこと、そしてその環境負荷を考えているから止めていただきたい。新しい技術はいくらでもある」ということを提言しました。パーマというのは酸性アルカリ、酸化と還元によって髪の毛のＳＳ結合をカットしたりつなげたりしています。この技術は明治時代から一つも変わっていません。この技術をもとに、うちの水のなかに重曹とクエン酸を入れ、アルカリと酸性をつくって界面活性剤を使用しないパーマ液を開発しました。現在、その安全で環境にも優しいパーマ液を使用しているお店が何軒かあります。

この創生水にどういう特徴があるかというと、まず水と油が混ざるという界面活性作用があり、そして洗浄する力があります。それから還元水であるということ。酸化と還元とよくいいますが、酸化は腐ること、還元とは蘇生してくること、つまり生き生きとしている、新鮮であるといえます。水というのは腐っているか、還元しているか、ミリボルトで計測しますが、プラス２５０ｍＶ以上が酸化、それ以下が還元と定義していいます。血液も同じで、オギャーと生まれた赤ちゃんの血液はマイナス１５０ｍＶ。これが年をとってくると血液が酸化していきます。老化というのは血液の酸化、血液が酸化するから皮膚が酸化し、これが老化につながります。

次の特徴として、活性水素が多いということ。九州大学の白畑教授が発表した活性水素の測定方法で分析した数値を出したことがあります。白畑教授もうちの水を測って「これは一体なんなのか、今まで研究したなかでこんな数字が出たのは初めてだ」と言って証明書を送って寄こしたことがありますけれど、それぐらいうちの水というのは活性水素が多いのです。たとえば良い水として知られるフランスのルルドの泉、ドイツのノルデナウの泉がありますが、私もフランスとドイツに行ってその水を回収して活性水素がどれだけあるか、溶存酸素がどれだけあるか測りました。日本のいろいろな水よりも素晴らしかったですが、うちの水の10分の1でした。一般の水では溶存酸素量に限界があり、空気を曝気して無理して入れても飽和状態になる。また温度による数字がある。たとえば25℃で8という数字が飽和状態としますね。ところがうちの水は11という過飽和状態になります。

還元していて、界面活性力があり、溶存酸素、活性水素が多く、遊離二酸化炭素が多い。この5つをぴったり備えた水はそうはない。この5つが備わったがゆえにこれからの夢であるエマルジョン燃料や水素ガスの分野で考えられない成果が出てきています。

水のH_2OのH_2は水素ですから本来燃えるもの。Oは酸素。水は燃える訳がない。燃えカスといわれる。H_2Oの角度はOを中心にHとの角度は104度28分といわれている。ところがこの角度が変われば水素が出るというのが私の考えです。一例として水と油を混ぜれば乳化するという話をしましたが、てんぷら油で揚げるときに創生水を入れてもバチバチとならない。そのままスーッと入る。創生水に重油か灯油を混ぜて燃やす。エマルジョンは何十年と研究されてきていますが、水と油は混ざらないという前提において燃料をつくろうとしてきたところに欠点がありました。当然界面活性剤を使うが、その特性を知らなかった。界面活性剤は燃えるものではありません。表面張力をゼロにするのが界面活性剤です。

富永 創生水のエマルジョンは大学などで研究されていますか?

深井 元防衛大学の鶴野教授はエネルギー関係をやっている方ですが、「エマルジョンが化石燃料に匹敵するだけのことがあるかどうかということを研究することが大切」と私に教えてくれました。創生水を使ったエマルジョンの燃焼実験をしてくださったのですが、その教授から次のような評価をいただいています。

「エマルジョンの中の重油の熱で温度が上がっていき、水素と酸素に分かれる。そして分かれた水素がもう一度燃える。通常は水素と酸素に分かれるときのエネルギーとくっつくときのエネルギーは同じだが、創生水のエマルジョンの場合は水の水素分の4割が発熱量になり、あとの6割が水素と酸素を分離させるエネルギーになる。だから4割の利得ができたことになる。4割が常に維持できれば燃料が15%節約できる可能性が生じる。

今、水と油の混合比率を4対6にしてそれを商品化しようとしているが、今後測定点数を多くとってデータの信頼性を上げる必要がある。水が燃える、燃えないという議論ではなく、創生水の水素と酸素の結合エネルギーが通常の水より低いレベルまで下げている可能性があるのかどうかという観点でこの問題を見つめていくことが重要である。つまり、燃料を半分にすれば半分の発熱量しかなく、水を混ぜることにより半分、もしくはそれ以下の発熱量になるというのが定説であり、半分以上の熱量が得られるということは水がなんらかの作用を及ぼし、発熱量を増加させているとしか考えられない。そしてそれを裏付けるかのように、実験では水による発熱量の増加率が30〜40%の利得が得られた」（＊増加率＝エマルジョン燃料の発熱量の測定値÷エマルジョン燃料の中の燃料自体がもつ発熱量）

もしエマルジョンに入っている水が着火の時点で水素と酸素に分離して、水素が本来の容量以上に発生して燃えているとすれば、当然酸素ガスと反応を起こして高熱を発するはずである。それを現実に目で見ることができれば水が低温で水素ガスを発生させたという証拠になりうる。それが現実化できればボイラーの世界がすべて変わると思います。

また、このエマルジョンによる水素ガス生成の仮説から、この水で簡単に水素ガスを発生させることが可能になってきました。

現在、水素ガスが広まらない理由として欠点がいくつかある。たとえば灯油やナフサやガス、これらを蒸気にし、そこに水を蒸気にしてぶつけてここから水素ガスをとる。これを水蒸気改質といいます。当然石油系を使うからCO_2が出るわけで環境に良いとはいえない。また、両方を蒸気にする必要があり多量のエネルギーが必要となります。ぶつけて60％の水素ガスをとってもあとはCO_2が出る。または酸素ガスも出る。それを分離しなくてはいけない。そのため、水素ガスを生成するには何十億円とかかるプラントが必要です。

次に、大量につくった水素ガスを供給する手段が問題です。水素ガスを大量に運搬するには、350〜700気圧に高圧縮しボンベに貯蔵する必要があります。ある種の爆弾を抱えて安全に運搬する必要があります。これらが実用化できない要因であります。

富永　電気自動車への応用は？

深井　最近、ガソリン自動車に代わるものとして電気自動車が注目を集めていますが、電気自動車の欠点は150km走ると充電が必要であるということ。特に冬は熱源がないから電気で暖房をとったら１５０㎞が50㎞しか走れない。ところが水素ガスを車でつくりながら燃料電池を動かしたら、充電が常にできるので何千㎞も走れるということになります。しかも水素ガスをつくっているときに熱源で50℃80℃と出たらその熱源を使って暖房を使えます。

現在これを実現しようとしています。水素ガス生成において、アルミニウムやマグネシウムという溶媒を使ってつくる技術は特許がたくさん出ています。ただこれら溶媒を水に入れると水素が少し出るが反応が止まってしまう。要は皮膜ができる。その皮膜をなくすことができないからアルミニウムやマグネシウムを細かく粉にして一度冷却する。そしてもう一度温めます。すると粉の中にひび割れができ、水がその中まで入っていく。そして皮膜ができないで反応して水素ガスを発生させる。これが活性アルミニウム、活性マグネシウムです。

これらは今のところ、１gあたり１５００円ぐらい。１㎏あたり１５０万円します。化学的計算方式で１gのアルミニウムの場合は出る水素ガスは１・28ℓとされている。またその活性アルミなり活性マグネシウムに水を入れたとたんに水素ガスが出るけれど、出たらストップできない。しかも輸送に関しては真空パックにしておく必要がある。だから現在はパソコンの燃料電池など小規模単位で使うのが現状ではないでしょうか。

ところが私は世界で初めてアルミ缶のような固形物と水が反応して水素ガスを出す方

法を見つけました。皮膜をつくることなく缶ビールの空き缶をそのまま使える。１gあたり１・７〜２・２ℓの水素ガスがとれる。マグネシウムであれば３・３ℓの水素ガスがとれる。アルミ缶をつくるときには電気を使うが、アルミ缶の中にはその電気エネルギーが入っている。アルミ缶をつくるのに10円の電気がかかったとする。これを売るときに50円や１００円で売る。

私の方法では水素ガスをとることによって電気を起こしますから最初の10円の電気代をいただいてしまう。すなわちアルミをつくるときに出しているCO_2はプラスマイナスゼロとなる計算です。これは水素ガスをとるだけでなくCO_2の売買にも適用できる。家庭で簡単に水素ガスを使って燃料電池で発電すると、太陽光発電など問題にならなくなります。

自動車で考えると、現在のガソリン車の約3分の1の値段で車を走らせることができます。ガソリンの代わりにアルミニウム、マグネシウムをコロコロと入れればよく、水素ステーションで水素ガスの充填の必要性がありません。さらに水素ガスを取得したあとの残留物は、医薬品の材料として高額に取引されていて、アルミニウムやマグネシウムの原価を回収できます。

この技術が今、ボーキサイトからアルミニウムをつくっている会社の注目を集めています。私はこの先、アルミニウムやマグネシウムを溶媒として使わなくても水素ガスを生成できる方法をいくつか考えています。

　神様は私に一つ一つ階段を上らせて楽しませてくれ、いろんな実験や失敗をさせながら一つ一つ目覚めさせてくれる。そして振り返ってみると昔行った研究やデータがヒントとなっているのです。

　これから水は油以上の利権になります。汚れた水をきれいにするのではなく、初めから水を汚さないという技術に全世界が資金を出すようにするべき。水質汚濁防止法の基礎になっている「汚した水をきれいにする」という考え方そのものも間違っています。汚す水に対する規制がものすごく甘い。元来排出する水の規制を強くすれば、水そのものを汚さない良い技術が生まれるはず。そこに新しい産業ができてくる。行政は汚染物質をとる技術にのみお金を出して企業を甘やかしている。行政も関連企業も意識改革が必要です。

第4章

創生フューエルウォーター（SFW）がエンジンを稼働させる

創生水は原子状水素を含む

「創生フューエルウォーター（SFW）」は、油と乳化させるエマルジョン燃料ではなく、単に燃料油と水を混合して内燃機関に送り込むだけの創生水の機能を高めた水である。つまり、機能水といえるのだが、創生水をご理解いただくために、その水の構造を少し詳しく説明する必要がある。

私は創生水には原子状水素が存在していると推論している。

そもそも地球は水素Hから始まった。地球はH_2Oで覆われている。Hは水素原子であり、Oは酸素原子、それが集合してH_2Oという水分子になった。そのなかで、水素と酸素を分けるには大きなエネルギーが必要だった。たとえば水力発電。水を高い位置から落下させ、その圧力で発電する。

水は水蒸気になると体積が約1700倍になる。蒸気は膨張することで高速流になり、圧力エネルギーを速度エネルギーに変換できる（ベルヌーイの定理）。水蒸気でタービンを回せるのはそのためである。

1995年、創生水に多量の水素が含まれていることが判明した。ここから水によってエネルギーの道が開かれるのではないかと自信を深めた。

２００９年に、国の検査認定機関である（株）信濃公害研究所が調査したデータによると、創生水から出た気体成分中には水素が98％、酸素が０・４％、水素総量は５３００㎖という結果が得られた。４ℓの創生水から90分間で10ℓの水素ガスを抽出できた。

この事実によって私は水が石油と同じような力をもつと確信したのである。

水と油は本来融和しないものと考えられていた。その常識に果敢に挑戦したのが前述した全く新しいエマルジョン燃料であった。

従来のエマルジョン燃料は界面活性剤を媒介として、水と燃料油を乳化させて燃料にする試みだが、どれもこれも中途半端で失敗している。

なぜだろう、と私もあちこちに聞いてまわった。燃料油と界面活性剤に固執するあまり、本来の主役である水に関心を示さなかったのがその大きな理由であるように思えたのである。つまり、「水の専門家」が不在でエマルジョン燃料を追い求めていたのだ。

水は長期間放置しておくと劣化して腐る、と考えるのが普通だ。H_2Oなら劣化するが、創生水のH_3O_2マイナスという分子構造の原子状水素を含む創生水なら腐らない。

それは九州大学の白畑實隆教授が証明している。同教授は原子状水素（H）の存在を簡易的手法によって明らかにした。H_2O_2は活性酸素の代表的なものであり、分解されると酸素ガスが発生する。水による過酸化水素の分解能力試験によるとHで分解された場合、H_2で分解されたときの約3倍の酸素が発生する。

採取年月日	2009.6.22 (2009.6.22 14:50 受け取り)
分析方法	現地にてポリエステルバッグに試料を採取。

分析の対象名	分析結果	
水素	98%	TC
酸素	0.4%	TC
二酸化炭素	0.5%	メ
一酸化炭素	<0.1%	メ
水素総量	5300ml	水
― 以下余白 ―		

創生水の水素量

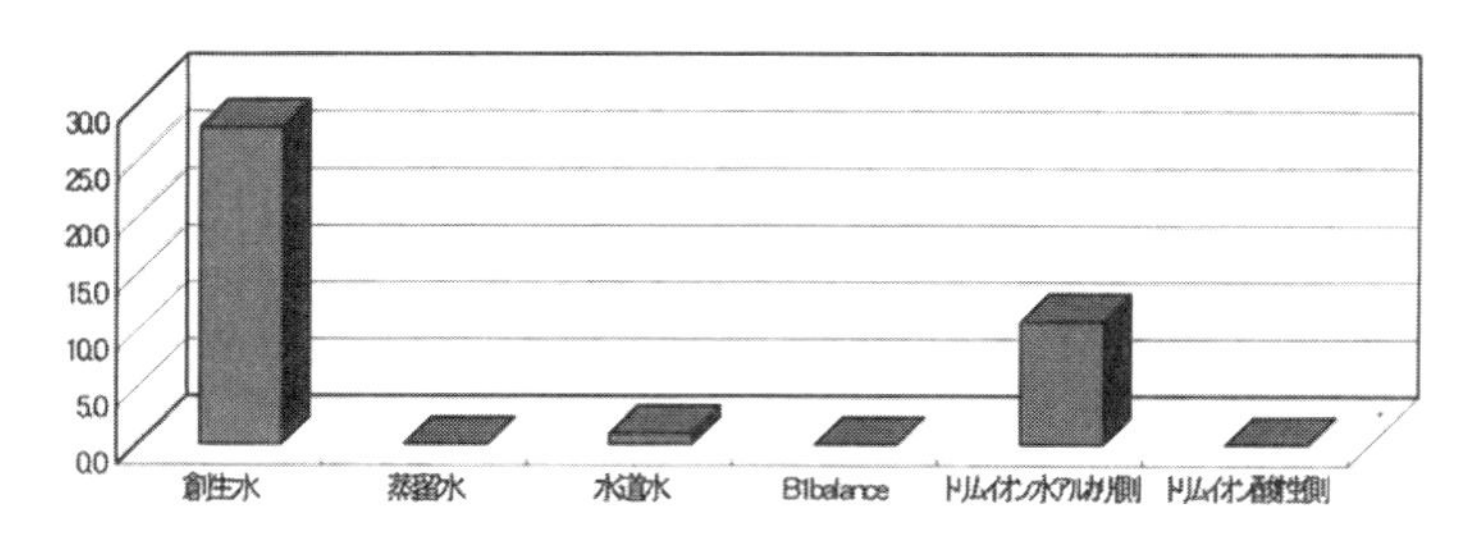

水道水を1とした過酸化水素分解能力比（96hr後）

ここに過酸化水素分解による発生酸素量の6時間後の容器と、水道水を1とした過酸化水素の分解能力についてのデータがあるが、創生水は水道水の30倍の水素分解能力があることが証明された。創生水には原子状水素が分解されることなく数年でも滞在していることがわかった。

その原理をまとめると次のようになる。

創生水の分子構造はH_3O_2マイナスであり、これはヒドロキシルイオンと呼ばれている。特殊なイオンであり、このイオンは二つの水酸基が一つの水素原子を奪い合う形で存在する。水素原子はどちらとも結合せず遊離した状態でピストン運動を繰り返す。そのピストン運動をしている際に原子状水素が発生しエネルギーが生まれる、というのがたどりついた結論である。

SFWは創生水を数日間保存して、原子状水素を安

創生水の機能を高めるための発生装置

定化させた水である。何も加えない、何も除去しない水本来のもつ機能を高めただけの水である。

エンジンがレントゲンの役割を果たした

この水がエマルジョン燃料に変わって、エネルギー源になったことを証明してくれたのがエンジンである。つまり、エンジンがレントゲンの役割を果たして、原子状水素の存在を認めてくれたのである。そのための実験を3つお見せしよう。

大型のディーゼル発電機と家庭用のガソリン小型発電機の実験、さらには新型発電機による燃焼実験だ。すべての発電機でSFWがエネルギーに変わりエンジンを稼働させたのである。同時に一般の水2種類とガソリンを混入したテストも行ったが、両者ともエンジンは稼働しなかった。一つはガソリンと水素加圧混入水(市販品)、もう一つは表面張力が高いといわれる精製水（市販品）とガソリンを混入させたがエンジンは全く稼働しなかった。つまり、通常の水ではガソリンと混合させることができずに、燃焼しなかった、ということである。

大型のディーゼル発電機実験でＡ重油を44・88％削減

まず大型のディーゼル発電機の実験である。

条件設定としては投光器７台を発電機に接続した。エンジンへは二つのパイプを設け、Ａ重油とＳＦＷが混合機を通して送られるようにした。使用燃料はＡ重油とＳＦＷのみ。

第一の実験はＡ重油のみでのテストだ。写真にあるように、燃料がガラス管のＡからＢに達するまでの時間を測定した。その結果は１２９秒であった。

次に、閉鎖していたＳＦＷの弁を開き、ＳＦＷを57cc混入し同じようにＡからＢまでの到達時間、つまり、燃焼時間を測定した。Ａ重油１００ccとＳＦＷ57cc混での燃焼時間は２３４秒という結果を得た。

すなわち、同一負荷、稼働時間において燃料全体の37％をＳＦＷとすることで、燃料油（Ａ重油）を44・88％削減したことになるのである。これはまさにＳＦＷに原子状水素が含まれていることの証明であり、水蒸気改質が起こっていることを検証している。

この実験では同時に排気ガスも測定したが、不完全燃焼を示す一酸化炭素は増えておらず、SFWがしっかり燃焼していることが読み取れる。SFW57ccから生まれた129秒はまさに創生水がエネルギーに変わった証拠である。

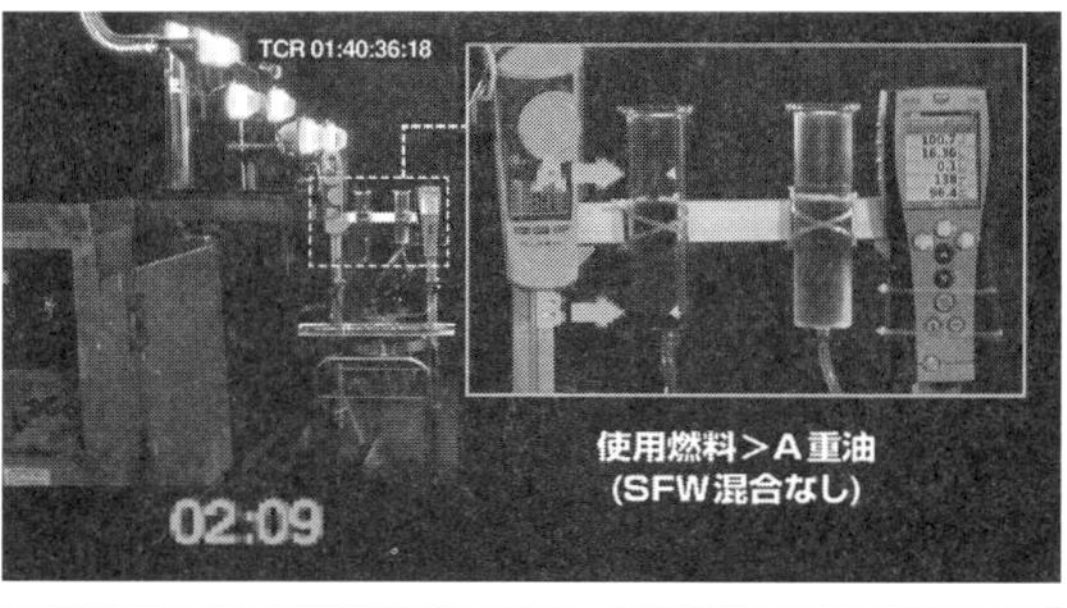

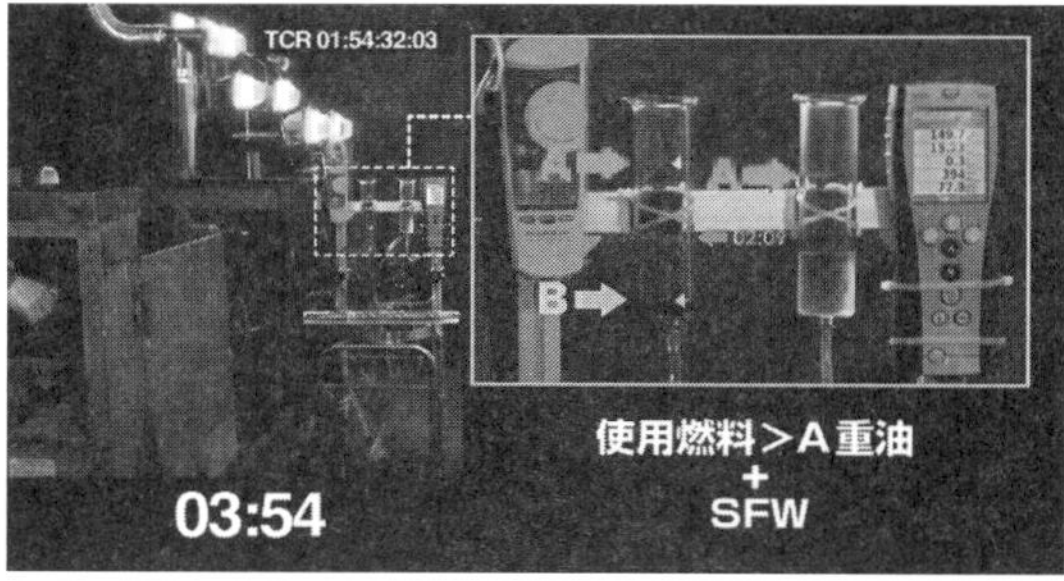

負荷 >>> 投光器7台（30アンペア）

A重油 100ccでの発電

発電時間 129秒

A重油 100ccとSFW57ccを混合で発電

発電時間 234秒

実験結果では、同一負荷・稼働時間において燃料全体の37%をSFWとすることで

燃料油（A重油） 44.88% 削減

小型発電機でガソリンを29・33％削減

もう一つの実験は小型発電機で行われた。送風機2台を設置、4・3アンペアを維持しながらガソリンのみの場合とガソリンにSFWを混入した2つのエンジン稼働状況を検分した。

大型発電機と同じように、燃料がAからBに到達する（消費する）時間を測定した。

ガソリンのみの場合は

TCR 01:19:21:22

使用燃料＞ガソリン
(SFW混合なし)

03:07

ガソリン小型発電機による実験結果

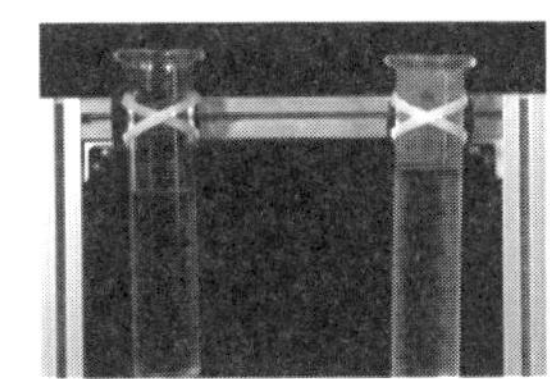

ガソリン 40cc での発電

発電時間 *188* 秒

ガソリン 40cc と SFW2cc を混合で発電

発電時間 *266* 秒

実験結果では、同一負荷・稼働時間において SFW を燃料油の 5% 加えることで

燃料油（ガソリン） **29.33%** 削減

負荷 >>> 送風機2台（4.3アンペア）

188秒、SFWを混入した場合は266秒となった。同一負荷・稼働状況においてSFWをガソリンの5%加えることで、ガソリンが29・33%削減された。

内燃機関の専門家は、燃料油に一般的な水が混入すると、運転不能になる、結果的に燃費が悪化する、急激な停止・破損が起こる、エンジン内のさびが発生する——といった数々の疑問を呈する。しかし、2つの実験をはじめ、これまで多くの実験を繰り返し行ったが、長期運転でも専門家が指摘する欠陥は発生していない。

新型発電機による実験で軽油を56・2%削減

二つの実験だけではにわかに信じられないという方もおられよう。私の考え方をさらに確固たるものにするために、新型発電機（デンヨー社製CDA-45LS）による実験を行った（93ページ）。

運転回転数は1800rpm、負荷は220V－31A相当（投光器とセラミックヒーター）、冷却水温度は90℃という条件下で、軽油のみと軽油＋SFWの場合の二つを比較した。その結果は、基油のみの場合は燃料1ℓの消費時間（平均値）は861秒。

新型発電機による説明を行う筆者

対して基油＋ＳＦＷ混合の場合は１９６７秒という結果を得た。つまり、ＳＦＷを入れると軽油が56・２％削減されたことになる。

さらに、安定戻り油＋ＳＦＷの混合では１８５５秒という結果だった。完全に融合した戻り油は、そのまま燃料として使用できるということが証明された。

戻り油が使用できるということは何を意味するのか。それは水がエネルギーに変わった証明である。

長期間保存のＳＦＷは発電能力が高まる

ＳＦＷはすでに実用化が始まっているが、私の信条は現状に甘んじることなく、常にワンランクアップの努力を怠らないことだ。ＳＦＷのさらなる高効率化のために、研究の手を緩めることなく実験を続けている。

２０１６年8月13日のＳＦＷ発電機社内実験において、新しい事実が確認された。貯蔵されて時間の経過したＳＦＷは高いカロリーを発し、基油の削減効果を向上させることができたのだ。

実験の結果は、同一条件の基油のみのときより4ヶ月保存して使用したＳＦＷは、72・8秒計測時間が長くなった。新しいＳＦＷで発電したときと比較しても4ヶ月経過したＳＦＷのほうが、41秒長く発電できたのである。

これは、ＳＦＷの性質が長期間の使用に適しているということを証明しているともいえるのである。

また、ある処理を施すことで、基油の削減効果が高まる最新の実験結果を紹介する（94ページ）。

発電時間比較表

テーマ	基油基礎データとSFW混合燃料データを比較し、削減効果を割り出す
意図、仮説	4月に採取したSFWを用いることで発電時間の増加が顕著に現れる (SFWの長期保存による原子状水素増加量の推定)

テスト環境
条件1　1800rpm運転
条件2　出力器具はセラミックヒーターを使用し、200VAC-15A相当の負荷
条件3　冷却水温度は90℃(十分な安定運転)
条件4　戻り油のシリンジ計測

●基油の基礎データ

基礎データ	1ℓ計測時間(秒)	発電時間増加率(%)	戻り油量(ℓ)	排ガスデータ				
				CO ppm	CO_2(%)	O_2(%)	NOx ppm	排気温度(℃)
平均	141.8		0.902	177.6	2.5	16.054	75.28	151.46

※1ℓ計測時間とは、基油配管に取り付けた流量計で計測し、1ℓをカウントした時間です。
※戻り油量とは、燃焼室に送られずタンクに戻される油のことで100%再利用されます。

●基油+SFW(NEW:8月10日計測データ)

回数	1ℓ計測時間(秒)	発電時間増加率(%)	戻り油量(ℓ)	排ガスデータ				
				CO ppm	CO_2(%)	O_2(%)	NOx ppm	排気温度(℃)
1	160	12.8%	0.980	673	2.72	17.81	60.5	142.8
2	171	20.6%	0.980	511	2.65	17.93	58.4	140.9
3	184	29.8%	0.960	625	2.73	17.81	53.4	145.7
4	172	21.3%	0.980	482	2.83	17.78	59.8	150.4
5	181	27.6%	0.970	462	2.87	17.79	60.9	150.1
平均	173.6	22.4%	0.974	550.6	2.76	17.82	58.60	145.98

●基油+SFW(4月19日採取:4ヶ月前)

回数	1ℓ計測時間(秒)	発電時間増加率(%)	戻り油量(ℓ)	排ガスデータ				
				CO ppm	CO_2(%)	O_2(%)	NOx ppm	排気温度(℃)
1	220	55.1%	0.970	630	2.48	17.86	46.6	142.8
2	210	48.1%	0.970	590	2.49	17.87	48.8	143.8
3	213	50.2%	0.964	582	2.49	17.87	50.1	145.1
4	218	53.7%	0.960	585	2.49	17.85	50.7	144.8
5	212	49.5%	0.970	583	2.47	17.85	52.0	145.2
平均	214.6	51.3%	0.967	594.0	2.48	17.86	49.64	144.34

※発電時間増加率の計算方法について

$$発電時間増加率 = \frac{SFW注入時の1ℓ計測時間 - 基油基礎データの1ℓ計測平均時間}{基油基礎データの1ℓ計測平均時間}$$

下段表平均値で比較すると(214.6－141.8)÷141.8＝51.3%となります。
また、戻り油の平均値で0.967－0.902=0.065ℓ分、SFWを入れたときに増えています。これも削減効果となって現れます。
今回の実験では加水率が9%だったので、戻り油の増加分の内訳は0.059ℓが軽油で残りがSFWとなります。

SFW融和時の排ガス測定値は乾き排ガス値となっているので、この値より削減効果の割合分を考慮する必要があります。
基油+SFWの平均値をもとにCOを見てみると、594.0×(1－0.513)となり、乾き排ガス値のCOの値は289ppmとなります。

結果
時間の経過した、貯蔵されたSFWは高いカロリーを発し、基油の削減効果を向上させることができる。
同一条件の基油のみのときより、4ヶ月保存のSFWは72.8秒計測時間が長くなった。
燃料の性能からみた場合、新しくできたSFWよりも4ヶ月後のSFWが41秒、より長く発電できた。

深井総研調査　実施日◎2016年8月13日

発電時間比較表

テーマ	基油とSFW混合燃料を比較し、基油削減効果を算出する
意図、仮説	基油と戻り油の処理法の違いにより、削減効果に違いが出る

テスト環境
条件1　1800rpm運転
条件2　出力器具はセラミックヒーターを使用し、200VAC-15A相当の負荷
条件3　冷却水温度は90℃（十分な安定運転）
条件4　戻り油のシリンジ計測

基油と処理用無比較

油種	1ℓ計測時間（秒）	発電時間増加率（%）	戻り油量（ℓ）	排ガスデータ CO ppm	CO_2（%）	O_2（%）	NOx ppm	排気温度（℃）	処理法
基油のみ	158.6		0.902	210.2	2.434	17.976	76.94	139.68	
基油＋SFW	214.6	35.3	0.966	594	2.484	17.86	49.64	144.34	処理なし

0.064

基油と処理用１比較

油種	1ℓ計測時間（秒）	発電時間増加率（%）	戻り油量（ℓ）	排ガスデータ CO ppm	CO_2（%）	O_2（%）	NOx ppm	排気温度（℃）	処理法
基油のみ	158.6		0.902	210.2	2.434	17.976	76.94	139.68	
基油＋SFW	229.2	44.5	0.955	515.6	2.05	18.16	48.64	141.1	処理法１

0.053

基油と処理用２比較

油種	1ℓ計測時間（秒）	発電時間増加率（%）	戻り油量（ℓ）	排ガスデータ CO ppm	CO_2（%）	O_2（%）	NOx ppm	排気温度（℃）	処理法
基油のみ	158.6		0.902	210.2	2.434	17.976	76.94	139.68	
基油＋SFW	347	118.8	0.89	551.6	2.375	17.904	47	147	処理法２

－0.012

基油と処理用３比較

油種	1ℓ計測時間（秒）	発電時間増加率（%）	戻り油量（ℓ）	排ガスデータ CO ppm	CO_2（%）	O_2（%）	NOx ppm	排気温度（℃）	処理法
基油のみ	158.6		0.902	210.2	2.434	17.976	76.94	139.68	
基油＋SFW	353.3	122.8	0.848	545.8	2.428	17.876	55.28	145.92	処理法３

－0.054

※1ℓ通過時間とは、基油配管に取り付けた流用計で計測し、1ℓを何秒で通過したかの時間です。
※戻り油量とは、燃焼室に送られずタンクに戻される油のことで100%再利用されます。
※SFW融和時の排ガス測定値は、乾き排ガス値となっているので、この値より削減率割合分を考慮する必要があります。
基油と処理法3の表でCO_2を見ると、（1－（353.3-158.6）/353.3）×545.8となり、乾き排ガス値のCOの値は245ppmとなります。

発電時間比較グラフ

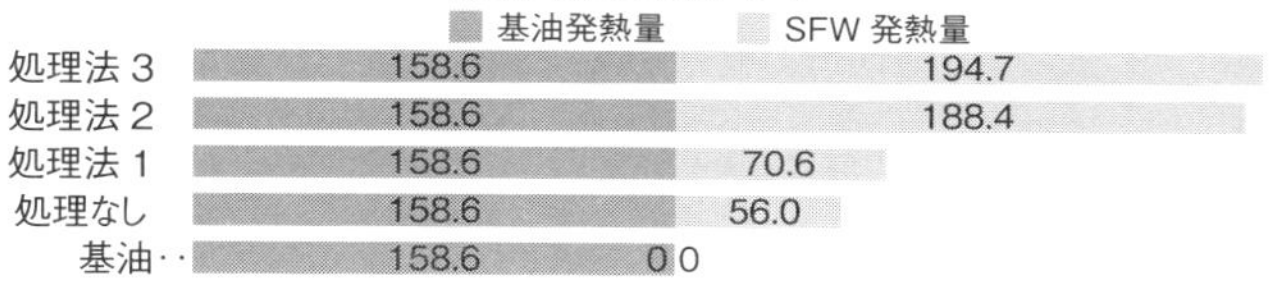

■ 基油発熱量　■ SFW発熱量

	基油発熱量	SFW発熱量
処理法３	158.6	194.7
処理法２	158.6	188.4
処理法１	158.6	70.6
処理なし	158.6	56.0
基油‥	158.6	0 0

深井総研調査　実施日◎2016年8月17日

戻り油が燃えたのはＳＦＷがエネルギーに変わった証拠

創生水が燃えた確たる証拠は、実は戻り油にあるのだ。

戻り油はＳＦＷと軽油で稼働させたエンジン付近から出てくる、いわば未使用油である。この未使用油を再びエンジンに送って、もしエンジンが稼働するようなことがあれば、原子状水素が油と乳化して、油と分離することなくエネルギーとして燃える証拠である。

果たしてＳＦＷと油から成る戻り油はエンジンを稼働させたのである。まさにこれは創生水がエネルギーに変わった瞬間である。

私はこの現象を「エンジンの中で水蒸気改質が起こっている」ととらえている。つまり炭化水素（石油など）や石炭から水蒸気を用いて水

SFWの戻り油もエネルギーに変わる

素を製造する方法と同じ現象が、エンジン内で起こっているのである。

この実験を間近に見て、検証し評価してくださったのが、いわばエネルギーのプロであり、この本の監修者でもある東京工業大学名誉教授の有冨正憲氏だ。その評価は次の二つである。

専門調査機関がSFWに二つの評価

第1に、SFWと油の混合でエンジンがまわり続けている事実は、原子状水素が含有されていることに他ならない。環境・品質分析のスペシャリスト、株式会社ニチユ・テクノがA重油と水道水、A重油とSFWとの混合による発熱量測定を行った。その結果、A重油対水道水の比率が50：50の場合の総熱量は2万2060kJ／kgであるのに比し、A重油対SFWを同割合で燃焼させたところ、3万6820kJ／kgという結果が出た。その差は1万4千760kJ／kgにものぼり、SFWに含まれる原子状水素存在の可能性がここで確認された。

第2には、SFWの乳化作用である。水と油は混ざらないという常識を覆して、完全に混じり合う水がＳＦＷである。その証拠は戻り油にあるだろう。戻り油が乳白色化しているということは、創生水になんらかの表面活性剤の性質があると推論できる。

進化するＳＦＷによるバーナー燃焼実験

以前のＦＵＫＡＩグリーンエマルジョン燃料によるバーナー燃焼実験では、基油の使用量が約半分で１００％のカロリーを生み出すことが実証された。

さらに現在、エマルジョン燃料の進化系としてＳＦＷシステムによるバーナー実験も積極的に進め、ボイラー等へのＳＦＷ導入の促進を図っている。

これまでのエマルジョン燃料による課題をＳＦＷシステムによる燃焼ではすべて克服している。つまり、基油とＳＦＷの注入によってできる炎の表面温度が同一かまたはそれ以上の高温になっていることが実証されたのである。これはＳＦＷを入れることによって炎の燃焼の形が変わり、今まで基油では調整しにくかった炎の形をつくることができるからである。

これは、ＳＦＷ自体の中に溶存酸素量が多いため、特に空気の薄い高地や密閉された空間でも使用することができることを証明している。ＳＦＷシステムによれば、ボイラーなどの使用範囲や使用条件が拡大されることであり、農業、漁業など多様な分野への導入が可能なことを示唆している。

実験は別図のように行われた。大気開放状態でのバーナー燃焼実験を行ったが、基油のみの場合とＳＦＷを混合した燃料の燃焼状態が違うので、炎の位置ごとに（①バーナー位置、②温度センサー位置、③背景の座標位置＝写真）炎の温度を測定した。３点を固定したのは計測位置を常に一定とするためである。これにより、基油と比べて単に燃焼温度が高い低いという測定ではなく、バーナーの使用用途やＳＦＷ注入時の特異性や優位性を確認することができたのである。①と①との交点が座標①となるが、基油のみの場合は５５８℃、基油＋ＳＦＷの場合は５６８℃となり、発熱温度の上昇がみられた。さらに④⑤点では基油のみより発熱量が増加している。全測定点で基油のみの場合と遜色がなく、平均すれば燃焼温度が高くなっている。

実験の結果は約35％のＳＦＷ注入によって、燃焼時間が57・１％向上し、炎温度も22・１％向上したのである。

また、長期貯蔵のＳＦＷによってさらなる高効率化が可能なことも実験で証明された。

赤外線温度センサーによる炎温度の計測

大気開放状態でのバーナー燃焼実験において、基油のみの場合とSFWを混合した燃料の燃焼状態が違うので、炎の各位置ごとに炎温度を調べた
以下の3点を固定して、計測位置が常に一定となるように設定した

1　バーナー位置
2　温度センサー位置
3　背景の座標位置

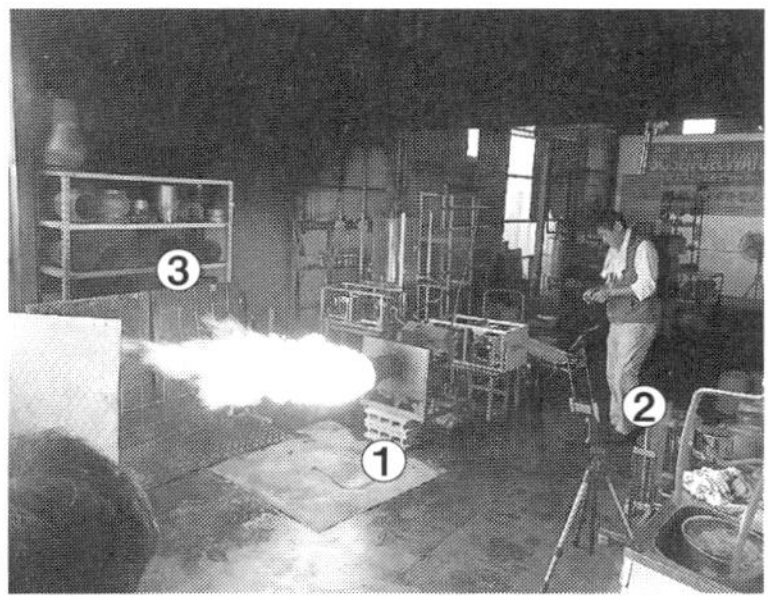

これにより、基油と比べてただ単に温度が高い低いという測定ではなく、バーナーの使用用途や、特にSFW注入時の特異性や優位性を確認することが可能となる

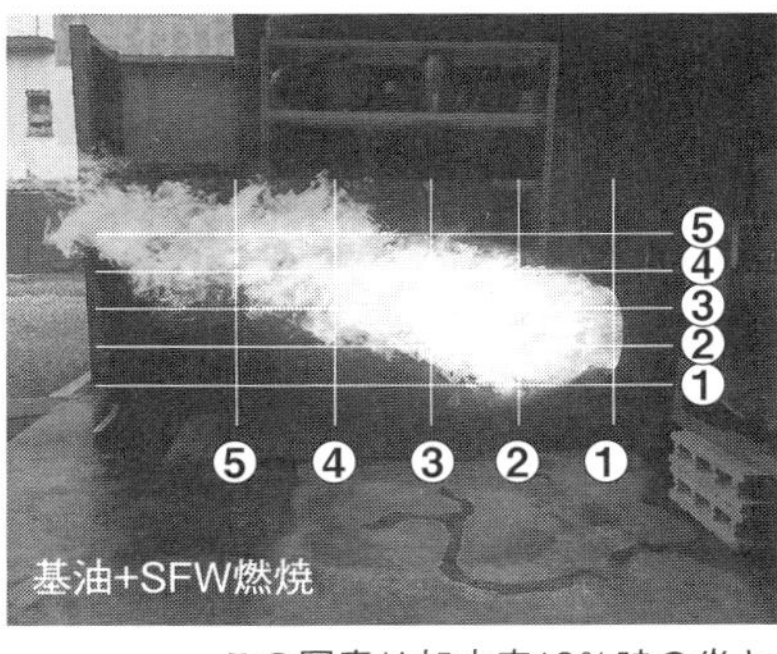

この写真は加水率18%時の炎と比較したデータ（別表の燃焼消費データは加水率が約35%時の数値）

⑤	④	③	②	①	温度（℃）
326	427	569	604	558	基油
361	445	523	602	568	油+SFW

深井総研実施テスト　実施日◎2016年8月21日

バーナー燃料消費比較表

テーマ	基油データとSFW混合燃料データを比較し、削減効果を割り出す
意図、仮説	SFWを用いることで燃焼時間の延長と熱量の上昇が顕著に現れる

テスト環境
条件1　新設の軽油バーナーで高燃焼時の比較
条件2　出力カロリーの目安として赤外線温度センサーを使用
条件3　基油を流量計で測定し、1ℓを使用する時間を記録
条件4　SFW注入の場合、SFWの流量も計測

●基油

回数	1ℓ消費時間（秒）	燃焼時間増加率（%）	SFW消費量（ℓ）	加水率（%）	炎温度（℃）
1	48				518.6
2	48				515.2
3	47				576.9
4	52				576.9
5	52				
平均	49.4				546.9

※1ℓ消費時間とは、基油配管に取り付けた流量計で計測し、1ℓのカウントに何秒かかったかを記録

●基油＋SFW（NEW）

回数	1ℓ消費時間（秒）	燃焼時間増加率（%）	SFW消費量（ℓ）	加水率（%）	炎温度（℃）	炎温度増加率（%）
1	78	57.9%	0.540	35%	657.8	20.3%
2	77	55.9%	0.530	35%	662.9	21.2%
3	79	59.9%	0.540	35%	658.3	20.4%
4	76	53.8%	0.520	34%	664.0	21.4%
5	78	57.9%	0.550	35%	697.0	27.4%
平均	77.6	57.1%	0.536	34.9%	668.0	22.1%

※燃焼時間増加率の計算方法について

$$燃焼時間増加率＝\frac{\text{SFW注入時の1ℓ消費時間-基油データの1ℓ消費時間平均}}{\text{基油データの1ℓ消費時間平均}}$$

上記表平均値で比較すると（77.6-49.4）÷49.4＝57.1%となります。

$$炎温度増加率＝\frac{\text{SFW注入時の炎温度-基油時の炎温度}}{\text{基油時の炎温度}}$$

上記表平均値で比較すると（626.7-546.9）÷546.9＝22.1%となります。

結果
約35%のSFWの注入によって、燃焼時間が57.1%向上し、炎温度も22.1%向上した。
長期貯蔵のSFWによってさらなる高効率化が可能である。

深井総研調査　実施日◎2016年8月24日

産業分野への導入も始まる

こうした検証を確固たるものにしていくのは、産業界への導入・展開である。広島県福山市にある海苔のモデル生産拠点である「マルコ水産」は2016年12月を目途に、ボイラーの稼働にSFWシステムを導入する予定だ。

海苔養殖業はイネの栽培とよく似ている。種付け、育苗、本張り（稲作でいう田植え）を経て、刈り取りが行われ、いろいろな種類の海苔が製品化される。その製造工程で欠かせないのが、ボイラーによる乾燥作業である。年間約100日程度稼働しているが、1日のA重油使用量は約1トンにのぼる。年間で100トンの膨大な使用量となる。このA重油の削減と二酸化炭素などの排出を抑制するために、従来よりSFWシステム導入を検討していた。

ボイラーが稼働しない7月に簡易ユニットによるSFWシステム導入テストを行い、SFWが確実に燃焼しているのを確認され、2016年12月の本格稼働が決定した。

この他にも産業分野への導入を検討している企業があり、SFWシステムの実用化が一層加速している。

「マルコ水産」のボイラーへのSFWシステム導入テスト

第５章

漁船がＳＦＷで動き始めた

創生フューエルウォーター（SFW）で航行されたマレーシアの漁船

では、果たしてこの水が実際のエンジンに応用できるのか。実験だけではその有効性は証明できない。私はすぐに行動を起こした。マレーシアに飛んだのである。東南アジアの漁業は船の燃料費に多くを割かれ、人件費もままならない。燃料代を捻出するために過酷な労働を強いられている。創生フューエルウォーター（SFW）で漁船を動かすことができれば、燃料費を節約でき、節約した費用で暮らしが少しでも楽になるのでは、と東南アジアにターゲットを絞ったのである。

結論からいえば、SFWと軽油を使ったディーゼルエンジンがマレーシアで実用化され、今日までなんのトラブルもなく漁船は航行している。経過と導入効果は次の通りである。

2015年8月1日は、私にとっても記念すべき1日となった。マレーシアのパハン州クアンタンで、SFWを混合した燃料で漁船の航行に成功したのである。さらに軽油の40%を削減する、というまさにエネルギーの新しい扉を開いたのである。

詳しいデータを公開する前に、漁船への導入の経緯を説明しておかなければならない。

この試験航海成功の裏には、２人の人物が関わっている。商社マン安田秀雄氏と、ビジネスパートナーのマレーシア人、ラオ・ユンヒン氏だ。安田氏は40年以上にわたって、マレーシアやタイなど東南アジア諸国で多くの国家プロジェクトに関わってきた人物だ。安田氏とラオ氏は上田にある本社（創生ワールド・深井総研）で、ディーゼルエンジンの燃焼実験を視察。ＳＦＷのエネルギーとしての利用価値を高く評価し、その場でマレーシア漁船への導入を決定したのだ。

そしていよいよ漁船の航行である。当日までにＳＦＷを大量にストックできるステーション「ＳＦＷステーション」を漁港に建設。そこから漁船の船底に設置してある軽油タンクの一部をＳＦＷの専用タンクにし、使用直前に、軽油と混合させエンジンに送り込む。軽油とＳＦＷは安定したエンジン稼働を実現した。

船舶の航行に使うメインエンジンでは、網を下ろしてからの約30分間は軽油のみで運航、このときエンジンの回転数は２０００ｒｐｍだった。その後ＳＦＷモードに切り替え、５時間ほど１７００～１８００ｒｐｍで引網運航を行った。これを繰り返しながら5日間漁を行ったが、24時間のうち22時間をＳＦＷモードで運航して、トラブルは皆無だった。軽油削減率は40％以上になった。

この軽油削減率を確かなものとするため、２０１５年9月1日、「船舶用ＳＦＷシステム導入により改善されるエンジンの基本性能調査」を行った。実機を設置し、同一条件下で基油とＳＦＷ融和燃焼運用テストを比較して、エンジンの最適運用方法を調査した結果が次の表である。

エンジン運用帯は２０００ｒｐｍ（ターボ高速運転帯）、１９００～１０００ｒｐｍ（通常航行運転帯）、１０００ｒｐｍ以下（低速運転帯）の3つに設定し、運転帯ごとにＳＦＷシステムの最適な運用を調査した。

その結果、ターボ高速運転帯における基油削減効果は13・8％、通常航行運転帯は54・9％の削減、低速運転帯になると65・9％の削減効果を実現したのである。

東南アジアにおける漁船の航行は、大きな問題を抱えている。経費の大部分が燃料費であるというのだ。たとえば、1億の収入のうち８０００万円は燃料費。人件費はわずか3～4％に過ぎない。80％の燃料費をたとえ10％でも削減できたら、人件費をその分上げることもできるだろうし、漁業生活者の暮らしも安定する。私の着眼点は

エンジンの基本性能

検査の目的	船舶用ＳＦＷシステム導入により改善されるエンジンの基本性能を調査する

調査概要　　　　　設置実機：COMMINS社製、KTA19－M、500HP（373KW）、排気量19ℓ
同一条件の下※注１）基油と当社のSFW融和燃焼運用テストとを比較して、エンジンの最適運用方法を調査する
エンジン運用帯を2000rpm（ターボ高速運転帯）、1900～1000rpm（通常航行運転帯）、1000rpm以下（低速運転帯）の３帯に設定
各運転帯毎にSFWシステムの最適な運用を提案する

※注1）気候、潮の流れなど、計測値に影響を及ぼす外的要因を同一にするため、バイパス切り替えを行いながらデータをとりました。

調査結果

エンジン回転数(rpm)	項目	基油5L計測時間(秒)	戻り油量(ℓ)	戻り油増分(ℓ)	船速(Knot)	CO(ppm)	CO_2(%)	O_2(%)	NOx(ppm)	排ガス温度(℃)
2000	基油	80	2.57	—	9.4	196	7.43	11.78	501	390
	SFシステム	91	2.58	0.01	9.7	169	7.48	11.7	539	385
	増加率	13.8%		0.1秒換算	3.2%	-13.8%	0.7%	-0.7%	7.6%	-1.3%

合計91秒、13.8%増加効果 アップ

エンジン回転数(rpm)	項目	基油5L計測時間(秒)	戻り油量(ℓ)	戻り油増分(ℓ)	船速(Knot)	CO(ppm)	CO_2(%)	O_2(%)	NOx(ppm)	排ガス温度(℃)
1700	基油	144	2.76	—	7.9	101	7.9	10.86	1068	374
	SFシステム	191	3.39	0.63	8.3	82	8.7	10.41	374	365
	増加率	32.6%		32秒換算	5.1%	-18.8%	10.1%	-4.1%	-65.0%	-2.4%

合計223秒54.9%増加効果 アップ

エンジン回転数(rpm)	項目	基油5L計測時間(秒)	戻り油量(ℓ)	戻り油増分(ℓ)	船速(Knot)	CO(ppm)	CO_2(%)	O_2(%)	NOx(ppm)	排ガス温度(℃)
1500	基油	191	3.02	—	7.5	104	7.3	11.96	923	357
	SFシステム	259	3.88	0.86	7.8	68	8.21	10.18	763	314
	増加率	35.6%		58秒換算	4.0%	-34.6%	12.5%	-14.9%	-17.3%	-12.0%

合計317秒、65.9%増加効果 アップ

【記録】
1、ターボ高速運転帯（2000rpm）、上記表により13.8%程度の基油削減効果。
2、通常航行運転帯（1000～1900rpm）、上記表により54.9%から65.9%程度の基油削減効果。
【基油削減の解説】
●純増加率とは、同一出力時の基油5ℓ計測時間をベースとして、SFWを混合した場合の計測時間とを比較して出てくる数値です。
1500rpmの場合、(259－191)/191＝35.6%（純増加率）
●戻り油は100%再利用されます。戻り油量が基油のそれより少なければ、その分余計に消費されたこととなり増加率より差し引かれます。また逆に戻り油量が多い分だけ余計に再利用されますので時間換算で加算されます。
純増加率＋戻り油増量分＝増加効果になります。戻り油の量が増えることで追加増加効果があるという意味です。

1500rpmの場合、191/(5－3.02)×0.86×0.7＝58秒　　　(259＋58－191)/191＝65.9%
●船速の増減は馬力の増減になります。1ℓで100m走る車が120m走る車に変わることです。即ち20m分走行距離の増加です。この場合1ℓの五分の一を削減したと同等になります。
【排ガス、その他の解説】
●COとNOxの減少とCO_2の増加は、完全燃焼を意味しエンジンの性能を改善しています。総合的にも環境にやさしいシステムです。
●SFW含量は、1700rpmで20%、1500rpmで30%前後になります。

深井総研調査　実施日◎2015年9月1日　実施時間◎9：00～12：00、13：00～15：00　実施場所◎マレーシア・クアンタン市

そこにあったのだ。

東南アジアの人たちの暮らしは決して豊かであるとはいえない。しかし、ＳＦＷを活用することによって、燃料費が節約できれば、暮らしが根底から変わっていくのである。地球の原点である水に着目すれば、暮らしや社会を豊かにすることができるのだ。

２０１５年11月21日現在、操業においてエンジン利用時間の約９割以上をＳＦＷモードで使用。引網走行及び網の上げ下げなど問題なく使用中との報告をもらっている。

漁船におけるSFWシステム概念図

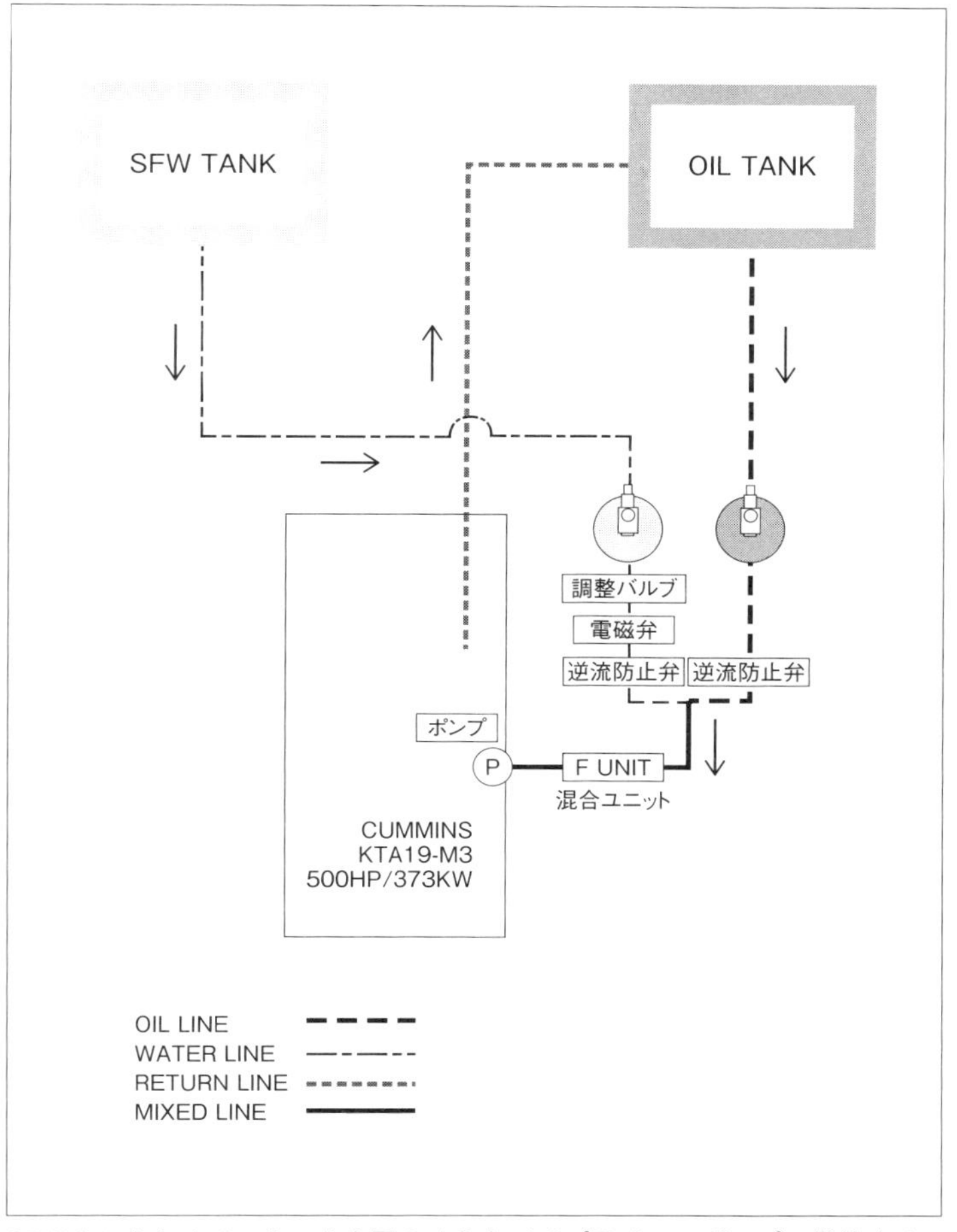

SFWタンクとオイルタンクを図のようなパイプラインでポンプに供給する

マレーシアの漁船に
SFWシステムを導入
現在も順調に稼働を
続けている

SFWを船内タンクに移送

運転モード切り替え制御盤

エンジンルーム

エンジンからの戻り油

SFWステーション

SFWで稼働するマレーシアの漁船

循環タンク

第６章

ＳＦＷで自動車が動く日

化石燃料の節約とCO_2排出抑制をＳＦＷで実現する

船のディーゼルエンジンに適応できたのだから、ＳＦＷが自動車を動かせるのではないか、と考えるのは至極当然の筋道である。

漁船のＳＦＷ導入によって、燃費が節約できれば、働く人たちの生活が安定する。では、自動車への導入によって何がもたらされるのか。私は、ガソリンの節約と同時に、排ガスの削減、世界の二酸化炭素排出量を削減できないだろうかと、真剣に考えてきたのである。

世界のCO_2排出量は３２９億トン（２０１３年）といわれている。そのうち最も多いのが中国で28・７％、２番目に多いアメリカは15・７％で毎年50億トン以上を排出している。日本は中国の約８分の１であるが、５番目に多い排出国であり、３・７％になっている。

２０１５年12月に開催されていたＣＯＰ21では、新たな温暖化対策の枠組みを決める「パリ協定」を全会一致で採択した。新しい枠組みは１９９７年採択の京都議定書以来で、全１９６ヶ国・地域が温室効果ガスの削減に参加し、石炭や石油などの化石燃料に依存しない社会を目指すものである。

パリ協定では、産業革命前からの気温上昇を「2℃よりかなり低く抑える」とともに「1・5℃未満に抑えるよう努力する」と盛り込んだ。その上で温室効果ガスの排出を今世紀後半には実質ゼロにすることを目指す。

そのために、すべての国に削減目標の作成・報告を義務化した。さらに5年ごとに世界全体で進捗状況をチェックし、各国の目標を出し直す仕組みも設けた。

この目標は、石炭や石油など排出ガスの多い化石燃料に頼る時代を終わらせることを意味している。

日本は「2030年度までに13年度比の26％減」の目標を掲げたが、この目標も5年ごとに見直される。日本はもとより世界各国は実質排出ゼロ社会に向けた長期戦略づくりが必要になってくる。

私が注目したのは、協定で「持続可能なライフスタイルや消費・生産の重要性」を強調した点だ。自治体や企業、市民社会も積極的に参加し、国をリードすることが必要という宣言に大いに共感した。

長年にわたって環境問題と取り組み、私財をなげうって「生活を変える水」と取り組んできたのは、まさにパリ協定で結論付けられた、持続可能なライフスタイルの確立による環境の保護を目指したからである。

そして今、ＳＦＷによって、化石燃料に頼る社会からの脱却の可能性が広がったのである。

ロータリーエンジンでの実験

自動車へのＳＦＷシステム構築は、漁船と基本的に変わらない。その構成は別図のようになる。

ＳＦＷタンクを用意し内部にＳＦＷポンプを入れ、レギュレーターを通して調整バルブによって混合比を調整する。手動スイッチ、アクセルペダルを直列に配置し、ともにＯＮにならないと電磁弁は開かないようになっている。燃料タンクから送られてきたガソリンとＳＦＷをＦユニットを経て混合させ、デリバリーパイプを経てインジェクターから燃料が噴霧され燃焼する。

ＳＦＷによる燃焼システムを現在、特許申請中であり、近い将来実用化への道が開

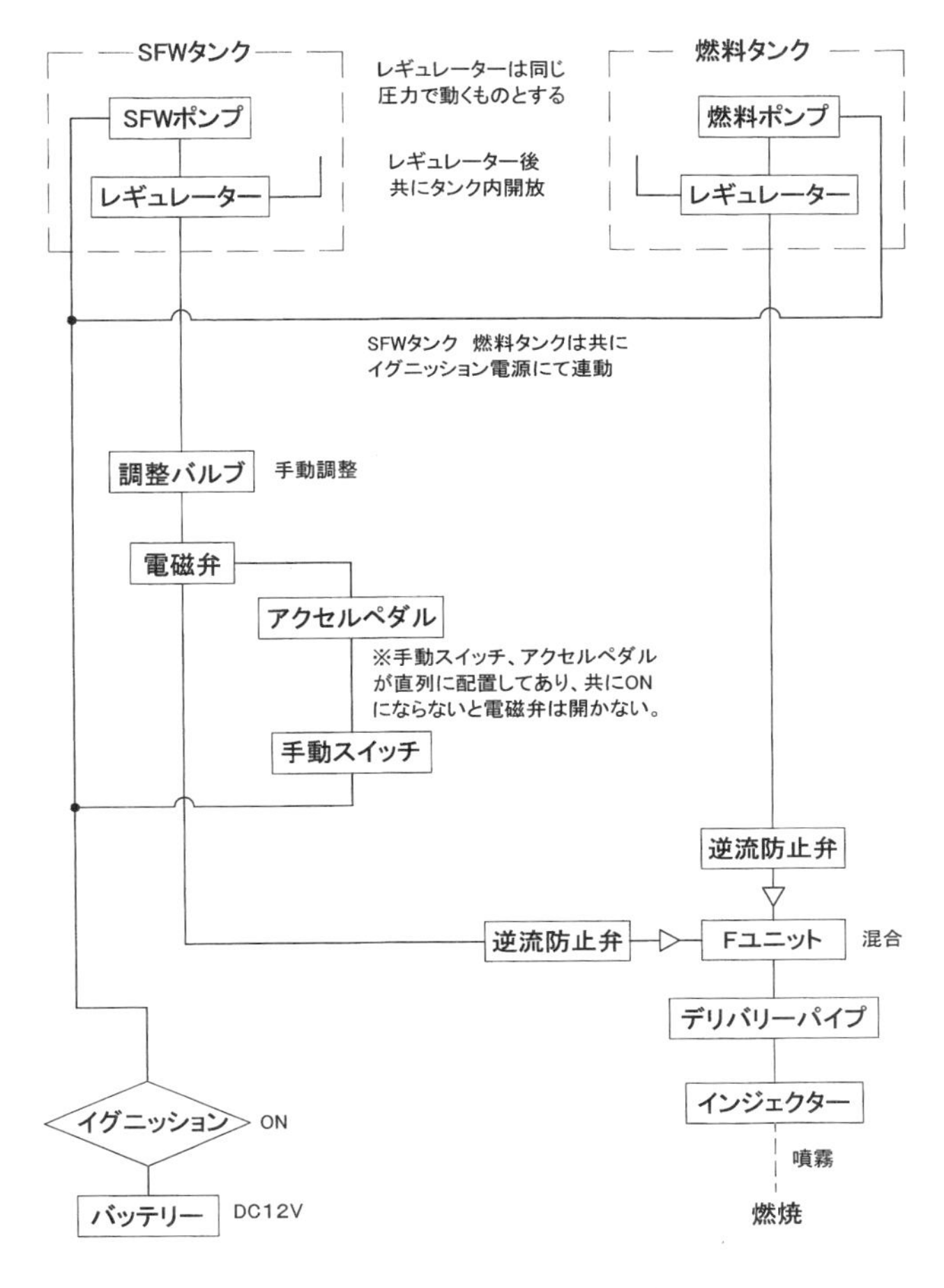

自動車へのSFW導入システム構成図（特許申請中）

かれると確信している。

このシステムによる当社独自の実験や燃費テストも繰り返された。

初めはロータリーエンジン車でのガソリンのみとガソリン＋ＳＦＷ比較実験である。テスト比較条件は、①ローラーを利用しての時速60㎞運転、②流量センサーを使って２００㎖の計測、③排ガスの計測、④スキャンツールを使ってノッキングの遅角量の測定である。ちなみにノッキング遅角量が0ということは完全燃焼を意味し、ＳＦＷを入れてもノッキングが起こっていないことを証明するものである。

後輪駆動のタイヤをローラーの上で駆動させ、60㎞の速度を維持し続けると、エンジン回転数は１５００ｒｐｍに達する。流量センサーの１メモリは10㎖なので、メモリが20増える時間を計測し、２００㎖を計測するのに何秒かかるかを記録した。

ＳＦＷの供給は、電磁弁のスイッチを入れることで調整されている。ＳＦＷ流量計の１単位は１㎖で、流入量をきめ細かく確認できる。ガソリンタンク内にある配管は可視化するために透明のチューブを利用した。動画でも公開しているが、配管の中をガソリンとＳＦＷの白濁した融和液体が流れる様子が確認できる。

流量計を組み込んでいるので、配管は一見複雑に見えるが、実際の運用時には流量計を装着しないのでシンプルなものになる。

　ガソリンのみでの走行実験では２００ｍℓの消費時間は１２８秒。排ガスはCO^2が13・57%、NO_xは４５７ｐｐｍであった。

　ガソリン＋ＳＦＷでのテスト結果は特筆に値する。２００ｍℓの消費時間は３１１秒と大幅に伸び、CO^2は11・06%、NO_xは46ｐｐｍに減少した。

その結果、燃料の削減率は58・４%となり、実に

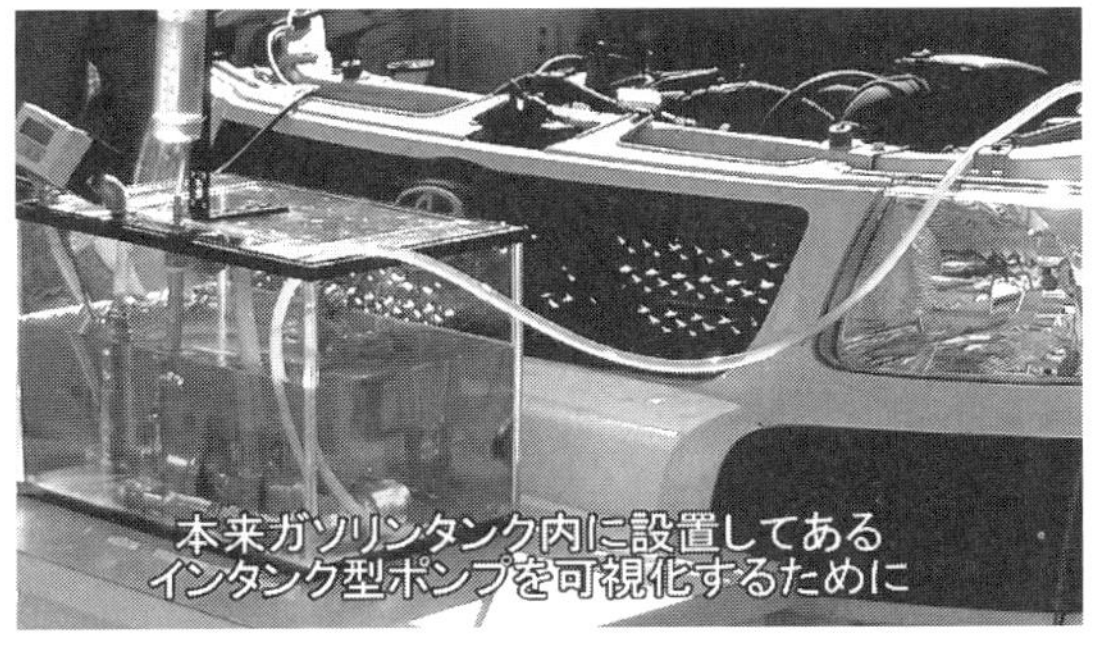

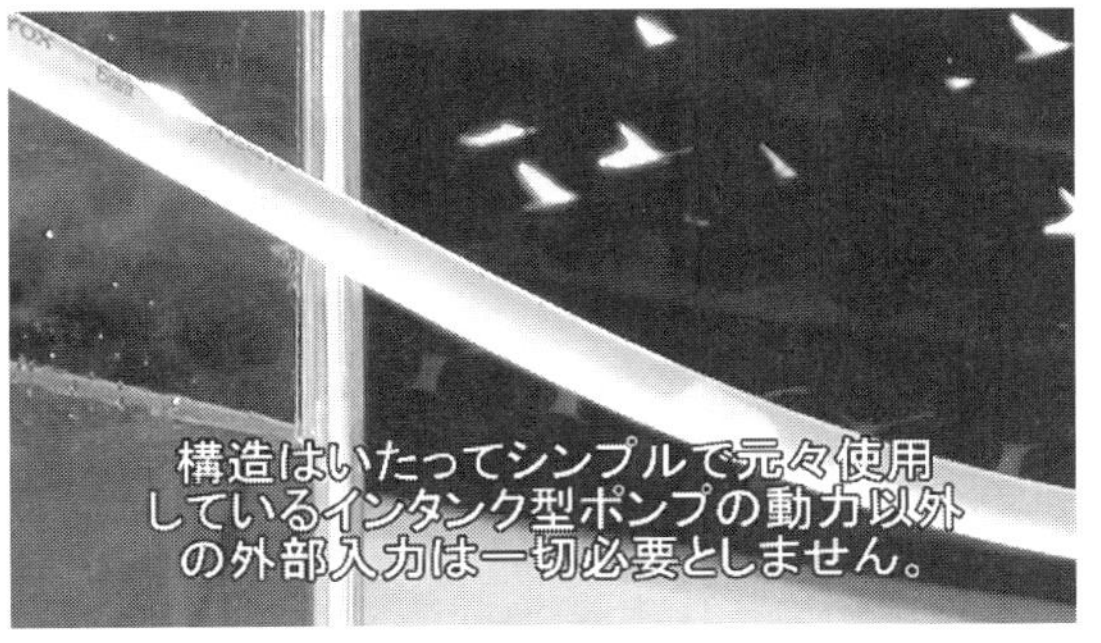

6割近い燃料が節約できるという結果を得た。

ここで注目したいデータは、燃費の削減と同時にCO_2、NO_xの削減である。CO_2はガソリンに比べると18%以上の抑制、NO_xは実にガソリンの9割以上の削減を可能にした。

この削減効果を解くカギの一つが、SFWを入れて燃焼させると、排気ガスの温度が上昇していることだ（233・6℃↓

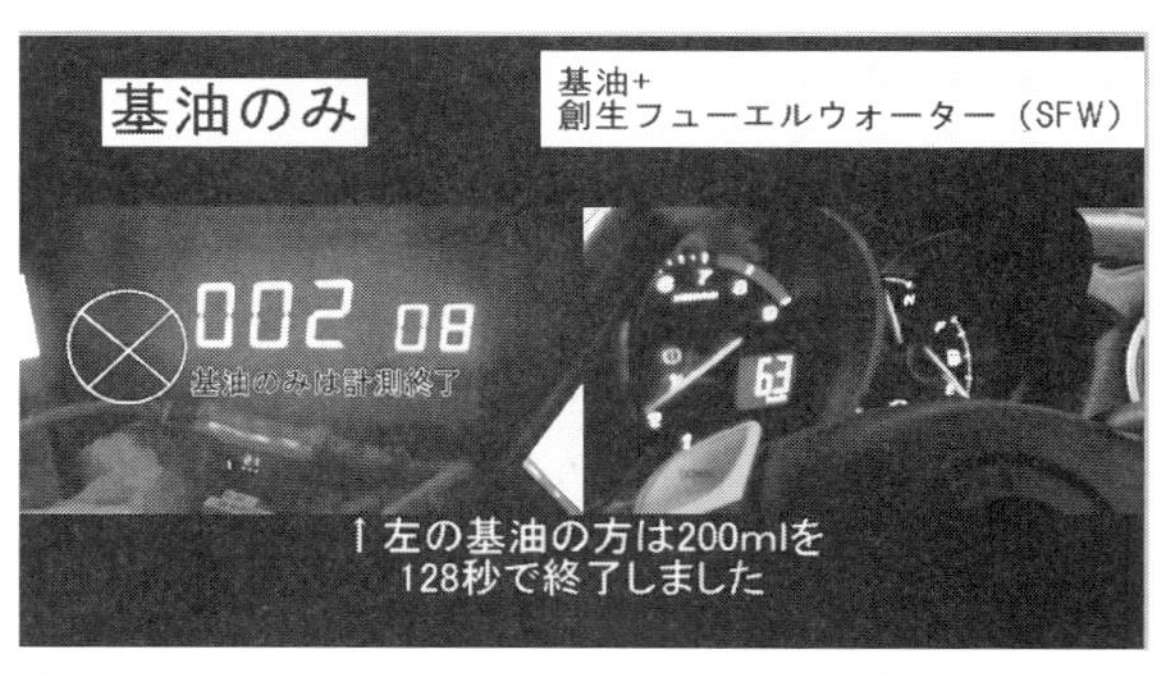

RX-8燃費比較表

テーマ	ガソリン消費基礎データとSFW混合念慮データを比較し、削減効果を割り出す
意図、仮説	同一条件下での燃費消費時間を比較することで削減率が割り出せる

比較条件
条件1　ローラーを利用しての時速60km運転
条件2　流量センサーを利用し、200mlの計測
条件3　排ガスの計測
条件4　スキャンツールを用いてノッキング遅角量の測定

●基油のみ

回数	200ml計測時間（秒）	排ガスデータ					ノッキング遅角量（%）
		CO ppm	CO_2（%）	O_2（%）	NOx ppm	排気温度（℃）	
1	131	0	13.57	3.46	457	233.6	0
2	131						
3	131						
4	128						
5	126						
平均	129						

●基油＋SFW（NEW）

回数	200ml計測時間（秒）	排ガスデータ					ノッキング遅角量（%）	削減率
		CO ppm	CO_2（%）	O_2（%）	NOx ppm	排気温度（℃）		
1	332	0	11.06	5.31	46	253.3	0	61.0%
2	284							54.4%
3	295							56.1%
4	312							58.5%
5	331							60.9%
平均	311							58.4%

※削減率の計算方法について

$$削減率=\frac{基油＋SFWの200ml計測時間－基油のみの200ml計測時間}{基油＋SFWの200ml計測時間}$$

上記平均値でいうと、（311－129）÷311＝58.4%となります。

※実に6割近い削減効果があるということは驚くべき事実です。
※SFWを入れた場合、排気ガスの温度が上昇しており、SFWによって燃焼が促進されていることがわかります。
また、NOxの実に9割が削減され、CO_2も18%以上抑制されていることは環境負荷を劇的に抑制している証拠です。
※排ガスデータは、十分な暖機運転の上で測定した数値となります。
※ノッキング遅角量が0だというのは、完全燃焼を意味し、SFWを入れてもノッキングが起こっていないことを意味します。約35%のSFWの注入によって、燃焼時間が57.1%向上し、炎温度も22.1%向上した。
長期貯蔵のSFWによってさらなる高効率化が可能である。

深井総研調査　実施日◎2015年12月5日

253・3℃）。つまり、ＳＦＷによってガソリンの燃焼が促進されていることがはっきりと証明されたのである。

この実験を確固たるものとすべく、路上走行テストも実施した。マツダＲＸ－８でＳＦＷを混入した燃料で一般道路、高速道路を走行した（ＹｏｕＴｕｂｅで公開済み）。その結果も良好でガソリンの約50％削減を実現した。

上海でＳＦＷによるエンジン稼働が実用化

そして今、ＳＦＷは海を渡ってアジアでの新しい事業展開が始まっている。

事業パートナーは中国の有力企業であり、ＬＥＤや照明器具などを製造販売している「アオ

より簡素化されたSFWシステム（マツダRX-8に導入）

イエコー（株）」である。何強社長以下スタッフ社員が上田本社を何度も訪れ、ＳＦＷによる自動車走行テスト、あるいは発電機の実験を視察し、確信を得て中国における

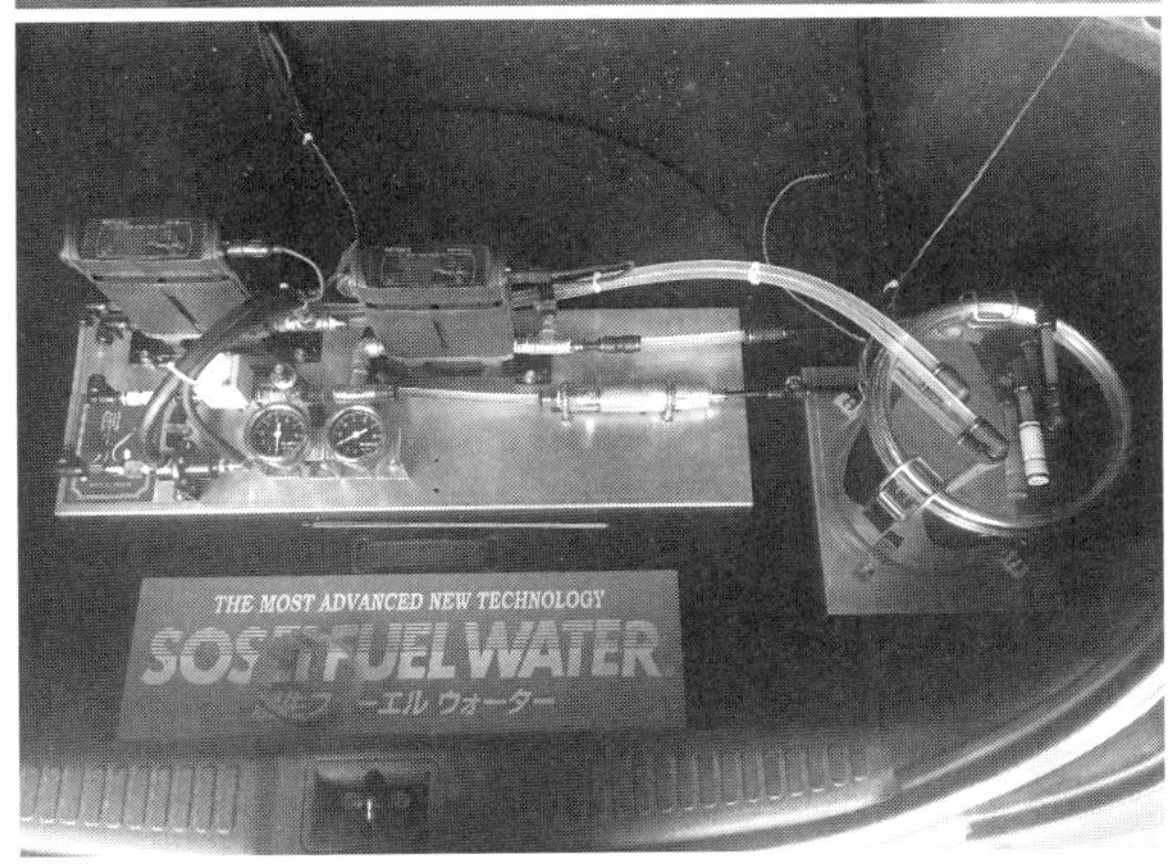

上海における自動車へのSFWシステム導入テスト

共同事業を開始する契約を結んだ。上海での拠点は青浦地区であり、そこに上田本社にあるような発電設備や車（韓国現代クーペ・レシプロエンジン）にＳＦＷシステムを搭載し、上海の有力企業にプレゼンテーションを行っている。

２０１６年６月に最初の自動車走行テストを実施。車にはＳＦＷシステムがコンパクトに収納され、スムーズな走行を実現した。今後は中国における車メーカーや多くの車を所有する企業へのプレゼンテーションを展開していく。

一方、この拠点にはＳＦＷによる発電設備も設置されている。54ｋＶＡのディーゼル発電機だ。今回のテストの出力器具はモーターポンプで、４００ＶＡＣ－４・１Ａ相当の負荷をかけた。１５００ｒｐｍの運転で基油のみとＳＦＷ混合燃料の消費量を測定・比較し、燃料の削減効果を割り出した。

その結果は別表の通りであり、基油比15％のＳＦＷを入れることで発電時間が44・３％長くなったことが確認された。戻り油を考慮するとさらなる燃料の削減が期待できる。

また、排ガス測定も行われたが、顕著なのはNO_xの削減効果である。基油のみの場合を２１４・54ｐｐｍも下回っており、その削減率は乾き排ガスを考慮すると88・８％

発電時間比較表

テーマ	基油基礎データとSFW混合燃料データを比較し、削減効果を割り出す

テスト環境
条件1　1500 rpm運転
条件2　出力器具はモーターポンプを使用し、400VAC-4.1A相当の負荷
条件3　冷却水温度は90℃（十分な安定運転）
条件4　基油、SFWとも供給配管にて流量センサーで計測
条件5　戻り油のシリンジ計測

●基油のみのデータ

回数	1ℓ計測時間（秒）	発電時間増加率（%）	戻り油量（ℓ）	戻り油増分（ℓ）	排ガスデータ		
					CO_2（%）	NOx ppm	排気温度（℃）
1	48.5		0.860		2.97	262.5	107.7
2	48.2		0.810		2.93	269.5	108.3
3	47.8		0.810		2.9	270.1	109.7
4	47.6		0.840		2.91	269.6	109.4
5	47.4		0.840		2.89	270.6	109.6
平均	47.90		0.832		2.92	268.46	108.94

※1ℓ計測時間とは、基油配管に取り付けた流量計で計測し、1ℓをカウントした時間です。
※戻り油量とは、燃焼室に送られずタンクに戻される油のことで100%再利用されます。

●基油+SFWのデータ

回数	1ℓ計測時間（秒）	発電時間増加率（%）	戻り油量（ℓ）	戻り油増分（ℓ）	排ガスデータ		
					CO_2（%）	NOx ppm	排気温度（℃）
1	68.3	42.6%	0.940	0.108	2.66	44.1	105.5
2	69.8	45.7%	0.920	0.088	2.72	62.8	108.8
3	69.2	44.5%	0.910	0.078	2.68	50.7	108.2
4	69.1	44.3%	0.980	0.148	2.70	59.9	108.3
5	69.2	44.5%	0.910	0.078	2.72	52.1	108.7
平均	69.12	44.3%	0.932	0.100	2.70	53.92	107.90

※発電時間増加率の計算方法について

$$\text{発電時間増加率} = \frac{\text{SFW注入時の1ℓ計測時間} - \text{基油のみデータの1ℓ計測平均時間}}{\text{基油のみデータの1ℓ計測平均時間}}$$

表平均値で比較すると（69.12-47.90）÷47.908＝43.3%となります。
また、戻り油の平均値で0.932-0.832=0.1ℓ分、SFWを入れたときに増えています。これも削減効果となって現れます。
今回のテストでは加水率が16.1%だったので、戻り油の増加分の内訳は0.0839ℓが軽油で残りがSFWとなります。

SFW注入時の排ガス測定値は乾き排ガス値となっているので、この値より削減効果の割合分を考慮する必要があります。
基油+SFWの平均値をもとにCO_2を見てみると、2.70×（1-0.443）となり、乾き排ガス値のCO_2の値は1.50%となります。

結果
基油比15%のSFWを入れることで発電時間が44.3%長くなった。
戻り油を考慮するとさらなる削減効果が期待できる。

深井総研調査　実施日◎2016年6月4日　実施場所◎中国上海

に達している。

こうした事実を目の当たりにした関係者は驚きを隠せない様子だった。現在もこの拠点のＳＦＷによる発電システムへの問い合わせが相次いでおり、中国でのＳＦＷ導入が本格化しようとしている。

戻り油は再利用が可能

さて、ここでＳＦＷの戻り油について触れておかなければならない。

ディーゼルの内燃機関において、基油とＳＦＷの混和燃料の戻り油はすべてが燃料になる。つまりＳＦＷを燃料と一緒に混ぜて発電機を動かし、燃焼室に送られず未使用となった油も従来の燃料と変わらずに再利用ができるというわけだ。

この事実は基油１００％に対して水分がどれだけ含まれるか、つまり水分率を測定すると証明される。２０１５年に行われた第三者機関、（株）信濃公害研究所による分析結果によると、基油（軽油）の水分率が０・００６であるのに対し、基油とＳＦＷ混和の水分率は０・０３という結果になり、ＳＦＷを混和しても水分率の低いことが証明された。これは原子レベルでの融合化がなされていると推測できるのである。
この戻り油は単独で使用することが可能なだけでなく、当社のサブタンクユニットを使用しSFWを再注入して使用することも可能であり、一度目に入れたときよりさ

No. 138200

分析結果報告書

2015年11月24日

深井総研株式会社　殿
237000

株式会社 信濃公害研究所
長野県北佐久郡立科町芦田1835-1
TEL 0267-56-2189
FAX 0267-56-1843

ご依頼のありました試料について分析した結果を
下記のとおり報告します。

計量証明事業登録
長野県知事登録第環境10号

試料名	基油(軽油)	基油＋SFW 1回戻り	単位	分析方法
分析項目＼採取日	2015年11月4日	2015年11月4日		
動粘度 30℃	2.896	2.947	mm^2/S	JIS K2283
水分	0.006	0.03	wt%	JIS K2275
― 以下余白 ―				
備考				

らに基油に対する向上率を高めることが可能で、燃料の有効活用が実現する。

SFW注入で仕事量の増大を実現

SFWで燃料の向上率が高まるという事実を理解していただくために、車を例に挙げて説明する。

基油（ガソリン）1ℓで10km走る自動車が、同じ量の基油1ℓにSFWを追加し、20km走れるようになれば、走行距離は2倍となり向上率は100%となる。つまり追加したSFWにより10km余分に走れるようになったことであり、言い換えると追加したSFWが10km分の仕事を行ったことになる。これを表にすると下のようになる。

つまり、0.2ℓのSFWにより基油のときよりも走行距離が10km延長走行できるということである。これはあくまでもSFWの価格が基油の価格と同一の条件で比較した場合の向上

	基油使用量	走行距離	延長走行距離	向上率（%）	加水量
基油	1ℓ	10km（A）			
基油+SFW	1ℓ	20km（B）	10km ※1	100　※2	0.2ℓ ※3

エンジン回転数、積載重量、路面状態等々は同一条件とする
計算式
※1　20－10＝10（B－Aで算出）
※2　（20－10）÷10＝1（B－AをAで割った100分率）
※3　SFW0.2ℓにより10km追加走行し、燃料向上率が100%増加した

率であり、基油とＳＦＷの価格差が広がれば広がるほど経済的な削減効果が期待できることを付記したい。

日本自動車研究所（ＪＡＲＩ）で燃焼実験と検証を予定

さて、自動車における実験データの信憑性を確保するにはどうしたら良いか。これまで紹介してきたデータは社内実験に過ぎない。いくら私が声高に叫んだところで、公的な機関が証明していないのだから信じることはできない、と言う方もおられよう。それは至極当然のことで、そのため私は自動車におけるＳＦＷシステムを構築してすぐに「一般財団法人日本自動車研究所」にテストを申し込んでいた。

日本自動車研究所はＪＡＲＩと呼ばれる、日本における各種自動車の委託試験・研究の第一人者である。ＪＡＲＩにおけるテスト依頼は膨大な数にのぼり、測定予約は2年先まで埋まっていた。

幸いにも２０１６年4月23日にＪＡＲＩの技術者と面会することが可能になり、当社が開発したＳＦＷによる燃焼テストを受けてくださる旨の快諾をいただいた。

燃焼データの測定方法は、①シャシーダイナモテストと②エンジンベンチテストを行う予定である。前者は当社が用意した車両をシャシーダイナモ上で走行させて燃費を測るテストである。テスト車両はガソリン車にはマツダのRX-8を、小型ディーゼル車はハイエースを用意し、大型ディーゼルは4トントラックを準備していく。

後者はエンジン単体にSFW装置を取り付け、燃費などをテストする方式だ。こちらの費用は2000万円から3000万円ほどになるとされるが、ぜひともテストを受けたいと考えている。

JARIによるテスト結果は、自社のテストによるデータと乖離しているかもしれない。しかし、私はそうした危惧や懸念を一切もっていない。SFWが新しい時代の燃料になることを確信しているのだから。

温室効果ガス削減への道

SFWによるエンジンシステムは、化石燃料の削減効果と排ガス抑制という2つの効果をもたらす。この事実から何が導き出されるのか。壮大な考えではあるが、パリ協定の温室効果ガス削減目標を達成する一助になりはしないだろうか。

私は真剣に地球の環境良化を考え、「水」によって地球を救うことはできないかと考えてきた。たかが水、されど水。環境の問題は水に始まり水で終わると信じて、これまで多くの提案を、ガラス張りで、どんな質問にも真摯に答えてきた。

「水がエネルギーになるなんて信じられない」と言う人は、私の公開している様々な実験やテスト、導入事例を私のホームページで確認して見てほしい。そこから生まれた疑問や質問を投げかけてほしい。きっとあなたは、水の新しい可能性に気づかされるはずだ。

巨大な特殊自動車・ストラドルキャリアがＳＦＷで起動した

自動車というにはあまりにも巨大だが、もう一つ実験をお見せしよう。特殊車両・ストラドルキャリアというコンテナを移動・運搬するものだが、そのディーゼルエンジンにＳＦＷが果たしてエネルギーの役割を果たすかどうか、である。ここは私がルポ風にまとめてみた。

2016年3月4日午後1時、コンテナが集積する東京湾・品川公共埠頭でその実験は開始された。

実験に使用したのは第一港運株式会社のコンテナを移動させたり積み上げたりするために用いられる特殊自動車・ストラドルキャリアである。下から見上げると上部にある運転席までおよそ10mもあるだろうか、巨大な門柱がそびえているようだ。

ストラドルキャリアはコンテナターミナルをはじめとする港湾や貨物の積み替え拠点においてコンテナを積み上げたり移動させたりするためのいわば巨大自動車だ。ディーゼルエンジンが2基搭載され、排気量はそれぞれ1万cc、250馬力という途方もないパワーをもっている。

このストラドルキャリアを実験用に提供してくださったのが、第一港運株式会社である。同社は東京湾を拠点とした港湾運送事業のエキスパートであり、日本や世界で倉庫・梱包・ロジスティクスなどを展開し、独自の物流ネットワークを築いている。さらに、最近では地球環境の悪化を懸念し、環境事業部を設置。エネルギーの再生事業にも取り組んでいる。

品川埠頭には同社のストラドルキャリアが6台導入され、休みなく稼働している。ストラドルキャリアは、35トンまでのコンテナを移動させることができる。なんと1台の価格は1億3000万円もするという。同社の港湾事業の要ともいえるストラドルキャリアが、今まさにSFWと軽油の混合によって起動しようとしている。

代表取締役の岡田幸重社長は、なぜこのような機会を提供してくださったのか。私とは故郷が隣同士である。同郷のよしみなのか、以前から親しくさせてもらっているが、環境保全に対する志や開拓者精神で考え方が共通している。しかし、高価なキャリアが万が一にもトラブルを起こしたら一大事である。

「まあ、責任は全部私が負うということです。どうもこのSFWがマユツバと思っている人がいる。誰かが実証しないとそうした不安を払拭することはできない。じゃあ私がやってやろうという気持ちから、このキャリアで実験することになりました。本当はこうした新しいエネルギーへの挑戦は国を挙げて実験しなければならない。民間主導でやっていると限界があります」(岡田社長)

いよいよ実験のスタートである。ストラドルキャリアには仮設のSFWタンクと軽油タンクが設けられ、軽油65%、SFW35%の比率でディーゼルエンジンに燃料が送り込まれる。

エンジンは、けたたましい音を周り中に響かせながら力強く起動し始めた。5分、10分、15分、時間は経過していくが力強いエンジン音はそのままだ。SFWと軽油は我々深井総研のスタッフによってバランスを保ちながら、絶え間なくエンジンに送り込まれる。

20分ほどすると、巨大なコンテナの吊り上げが開始された。コンテナは確実に上下を繰り返す。吊り上げと同時に、見学者の歓声もかき消されるほどの力強いエンジン音が鳴り響く。コンテナが通常の状態に固定されて間もなく、ストラドルキャリアが走行を始めた。エンジンは順調に駆動している。まさに水がエネルギーに変わった瞬間である。

この歴史的な瞬間を、約40名の見学者が目の当たりにした。

「これは仮設の装置で実験していますから、完成型ではありません。調整しながら水と軽油を送り込んでいるのですが、構成はシンプルで、システムとして完成させるのにそう時間はかからないでしょう。私はこの装置に燃料代の節約ということもありますが、CO_2削減に大きく寄与する点を買っています。CO_2排出がSFWによって

従来の半分になれば、環境の良化のために大いに役立ちます」（岡田社長）

私は水が燃料、むしろ化石燃料のほうが添加剤だと思っている。化石燃料に代わるエネルギーはこれからの時代、水しかないのである。それもＳＦＷだけである。

さて、今回の実験結果であるが、基油基礎データとＳＦＷ混合燃料データを比較し、削減効果を割り出した。２２００ｒｐｍ運転（エンジン最高出力）下で、流量センサーで計測したが、予想した通りの数値が得られた。基油の削減率で平均42．８％の削減が実現したのである。CO_2の排出量は岡田社長の希望には届かず削減率は少なかったが、NO_xは平均で46・２ｐｐｍ減少した。約13％の削減率である。

今、マレーシアの漁船でＳＦＷを使ったエンジンシステムが順調に稼働している。漁船は出港したら10日間帰ってこない。ＳＦＷでエンジンを動かして操業している。すでに漁船ではＳＦＷによるエンジンシステムが完成しているのである。

そして今日また、新たな可能性の扉が開かれた。全6基へのストラドルキャリア導入は、そう遠い未来の話ではない。実現可能な新たなエネルギーシステムが今まさに生まれようとしている。

私は新しいエネルギーとしてのＳＦＷを今後も様々な分野へ導入していく。そして「信じていただけましたか？」と問い続ける。

SFWが混合機を通してエンジンに送られる

10,000 ccのディーゼルエンジン

ストラドルキャリアの運転席

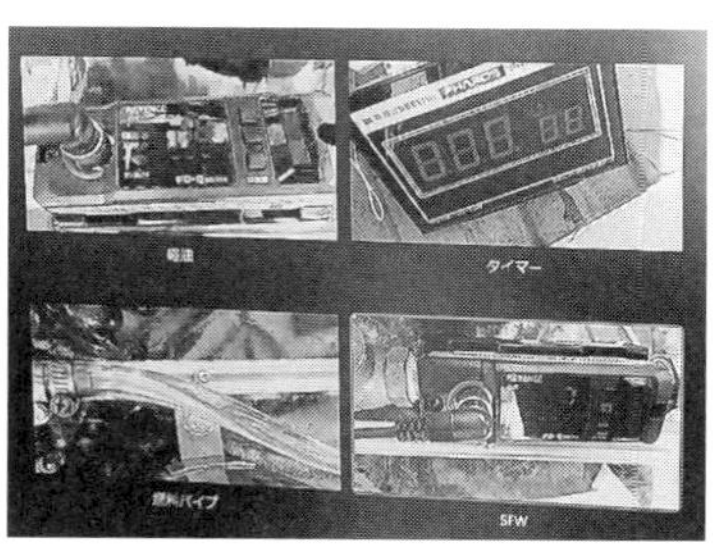

モニターにSFW抽入状況が映し出される

第一港運株式会社の
岡田幸重社長

巨大なストラドルキャリアが移動する

コンテナが上下動

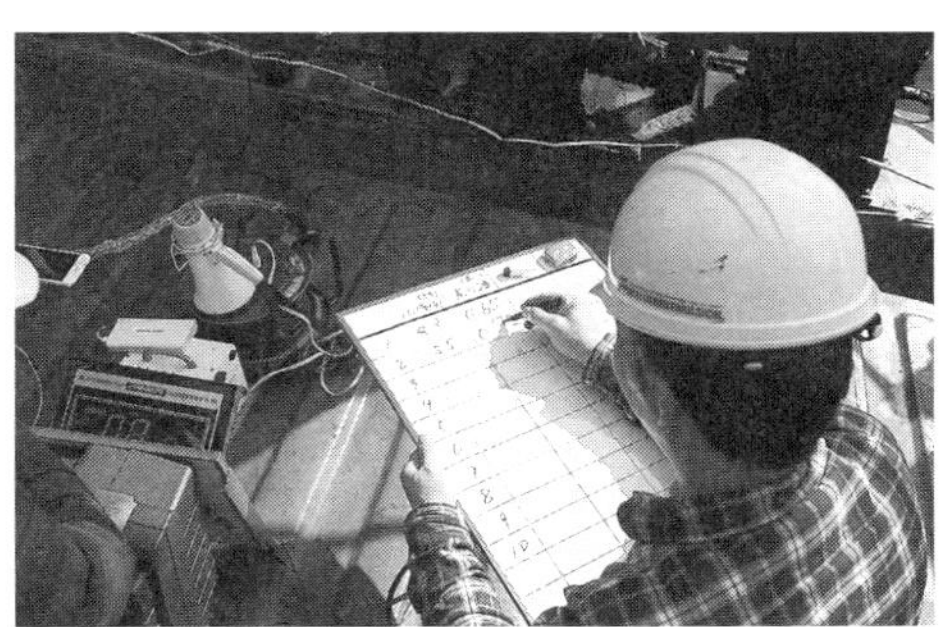
燃焼の状況をチェック

自動車から大型船へ、SFW適用の可能性は拡大する

これら一連の実験、研究に対して本書を監修してくださった東京工業大学の有富正憲名誉教授は次のようなメッセージを送ってくれた。

私の現役時代の専門分野は、蒸気と水が混ざって流れる「気液二相流の熱流体工学」であった。タイのチュラロンコーン大学の友人で後に学長になったタッチャイ先生に、タイでも原子力発電所を将来導入する必要があるが、「気液二相流の熱流体工学」に関する研究・教育者がいないので送ってほしいという要請があった。そこで、私が指導教官をしていた博士課程を修了する院生にその話をしたところ快諾してくれたので、タッチャイ先生と相談し気液二相流の実験装置を国内で製作して、その院生とともにチュラロンコーン大学に送った。しかし、数年経ってもタイでは経済上の問題とコバルト60の事故から原子力発電の導入という計画は進展しなかった。そこで、バンコクの現状を調査し、専門分野で原子力以外の分野で役に立つ課題を検討したところ、汚濁水の問題が持ち上がり、マイクロバブル法や凝集沈降法を用いた汚濁水の浄化技術の開発を進めることに

なり、国内でそのバックアップ体制を整えるために中小企業と共同研究を開始した。
その際に共同研究として、中性電解水に界面活性剤を用いて軽油と安定なエマルジョンをつくる技術を確立し、ディーゼルエンジンで燃焼させる実験を行った。一般に、水と油の関係でいわれているように、界面活性剤がなければ水と油は分離してしまうためである。水が高温高圧蒸気となるため馬力は出ることが判明したが、当時は中性電解水の塩素の影響か界面活性剤の影響かは定かではなかったが、エンジンや燃料を循環するパイプに悪影響を及ぼし、長期間の運転が困難であることが判明し、研究は終了した。その後、他機関の研究からシステムに悪影響を及ぼす原因は界面活性剤だといわれている。

そのなかで創生ワールド（株）の深井社長と会う機会があった。当時同社は、創生水の製造装置を製作・販売し、その保守契約とで成り立っている会社であると聞いた。ユーザーは洗剤を使用しないという契約を結んだエコを目指すレストラン、美容院等が洗浄水として利用することを中心とし、創生水を温泉と同様に使う個人住宅等であった。当時は、創生水で油が落ちる理由が私には十分には理解できなかった。創生水には水素が豊富に含まれているとのことで飲み続けている。分子である水素ガスH_2の水への溶解度は常温・常圧で1・6ppm程度である。創生水に豊富な水素が含まれているのかどうかについて、創生ワールドと共同研究をしていた3名の研究者が個別の実験を行い、水素分子ではなく原子状水素が含まれていると仮定すれば実験結果が説明できると論じた。ただし、原子状水素の存在と形態については科学的に証明されていない。

最近、従来の創生水を土台として、創生フューエルウォーター（ＳＦＷ）の製造技術を構築。軽油やＡ重油の基油と併せてＳＦＷを注入しバーナーやディーゼルエンジンに燃料として用いると、発熱量や燃費の向上が見込めるという実験が創生ワールドで実施され、結果がＹｏｕＴｕｂｅの動画に挙げられている。しかし、我が国ではエマルジョン燃料協会があり、ディーゼルエンジンに悪影響を与えない界面活性剤の開発が積極的に進められているため、創生ワールドの自社での試験結果は簡単には受け入れられていない。鶴野省三名誉教授は、Ａ重油と一般的な水、Ａ重油とＳＦＷを各々50％混ぜた液体を用いた発熱量を測定する試験結果から、前者の発熱量はほぼ50％であるが、後者では80％程度に高まりＳＦＷが燃えることと論じた。創生ワールドの工場でも、ガソリンと水道水、ガソリンと蒸留水、ガソリンとＳＦＷを同じ比率で同様の混合方法で製造した燃料を用いてディーゼルエンジンでの燃焼試験を行ったが、ＳＦＷを混ぜた以外の燃料ではエンジンが動かなかったことを実証した。

創生ワールドは、マレーシアにおいて漁船を用いた試験航海を実施し、燃費向上が確認された。現在、創生ワールドは軽油とＳＦＷの混合燃料によるディーゼル発電機を用いて循環燃料を燃料タンクに戻して運転の継続の実証を行っている。途中の画像を調べてみると、界面活性剤を用いずに軽油とSFWを別々に注入しているが、循環している燃料の戻り油は均質な乳白色をしており、戻り油をそのまま循環燃料としてもエンジンは作動することまでが実証されている。言い換えれば、界面活性剤を使用せずに均質な軽油とSFWは混合し、燃料を安定に供給できる技術が構築できると考える。このことは、創生水がレストランや美容院等でなぜ洗剤を使わずに洗浄できるのかという私の最初の疑問に対する答えでもある。今後の課題としてはどの程度長期間、安定した混合燃料として持続できるかということの実証が挙げられる。

軽油とSFWを均質に混合する技術を確立し、軽油とSFWの長期間安定に均質に保てる混合比率が判明できれば、大型のディーゼル発電機では、基油（軽油あるいはA重油）タンクとSFW製造装置を設置して、基油とSFWを最適な混合比で混合し、燃料タンクに送ることにより燃費向上からCO_2の削減が、基油だけよりSFWが混ざっているため燃焼温度の低下が想定されるのでNO_xの発生も低減できる可能性がある。大型船の場合も同様なシステムを船内に設置することが可能であり、今後の発展に大いに期待するものである。

さらに有富教授は自動車の駆動実験にも立ち会い次のような評価をしてくださった。

ＳＦＷの技術的評価

２０１５年11月3日（火）に、上田市にある創生ワールドの工場で行われている自動車に搭載されているガソリンエンジンと発電機のディーゼルエンジンを用いたＳＦＷを基油に混合した燃料を用いた実験に立ち会い、次の通り技術的な評価を行った。

１　ガソリンエンジンの場合には、ガソリンと水が分離したままエンジンに流れ込んでいたが、エンジンは停止することなく運転は継続していたため、ＳＦＷは燃える可能性があることがわかった。

２　１で述べたことは、ガソリンとＳＦＷの単位体積当たりの発熱量は異なるため、エンジン内に不均質でガソリンとＳＦＷが噴射されることはエンジン内の温度サイクルが不均質になるため、エンジンの寿命に影響を与える可能性がある。軽油やＡ重油に対してＳＦＷを均質に混合する技術をガソリンとＳＦＷに対する技術として発展させる必要がある。

３　ディーゼルエンジンでは、軽油とＳＦＷを循環ポンプで混合することにより軽油の色が多少残った黄みがかった乳白色の均質燃料がつくられ、エンジンに供給された残りの循環油は同様な均質混合燃料となり燃料タンクに戻ってくる。この戻り油は均質な混合状態の燃料として循環され、燃費も変化しないとのことであるので現状では燃費の向上、言い換えれば燃料費とCO_2の排出量削減に非常に有望であると考える。

4　乳白化した軽油とSFWの均質混合燃料について、保存されていた戻り油はしばらく経過すると乳白色は消え黄みがかった透き通ったものに変わっていた。しかし、軽油と水が分離した状態にはならず均質に混ざり合った状態であった。このため、混合した直後の乳白化した状態の戻り油の燃費としばらく放置した状態での透き通った状態になった戻り油の燃費を比較する試験を行い、もしその差がなければ、事前に混合した状態をつくり、透き通った状態のものを燃料として、燃費と出力に対する最適な基油（軽油やA重油）とSFWの混合比を求める実験を今後実施すべきである。

SFWの産業への発展性

さらに、SFWの産業としての発展性を検討した。そのポイントは次の通りである。

1　SFWの供給スタンドをどのように設置できるか、言い換えればSFWが産業界で受け入れられるかの大きな課題であると考える。特に、エンジンシステムに影響を与えない界面活性剤の開発に血眼であるエマルジョン燃料協会の存在が大きな壁の一つであるが、エマルジョン燃料が完成してもその供給問題は界面活性剤を用いず、均質混合燃料を製造できるSFWと同様である。

2　ガソリンエンジンは、ガソリンとSFWの均質な混合技術の確立が必要であるが、自動車や小型発電機の利用が主たる用途と考えられるので、ディーゼルエンジンの自動車と併せて、狭いエリアの交通機関、たとえば、従来の電気自動車のように必要に応じて均質混合燃料を供給するスタンドへ戻れる範囲の移動手段、運搬手段として産業界に参入することは比較的早く可能となると考える。他にも、地方自治体内にスタンドを設置し地方自治体の車として近距離を運転する車両としてならば、燃料代とCO_2発生量の削減策の一事業として提案可能ではないかと考える。

3　電力が不足する東南アジア等の地域において、日本から進出する企業の電源や地場産業の発展と雇用機会を確保するための電源用の大型のディーゼル発電機は、①基油（軽油あるいはA重油）タンク、②SFW製造装置、③基油SFWの混合装置と一時貯蔵タンク、④均質燃料タンクを設置すれば、発電機に比べて安価な付帯設備で済み、基油の消費量の低減とCO_2の排出量削減に寄与できると考える。③と④を分けるのは安定な均質燃料を供給するためである。

4　船舶のディーゼルエンジンの場合には、船舶の基地を中心に運航しているものであれば、港に3の①から④の機器を設置しておけば燃料の補充が必要な場合には、均質燃料タンクから供給が可能となり基油の消費量とCO_2の排出量削減に寄与できる。ある程度SFWの有効性が世界的に認知されれば、大きな国際港にこれらの装置が設置され、均質混合燃料の供給体制が実現できると考える。

5　工場での実証試験のようなガソリンエンジンとディーゼルエンジンに基油とＳＦＷを別々に供給する方法では、現在のエンジンシステムを変える必要があるので、自動車の産業界にはなかなか受け入れられないと考える。この方法はあくまでＳＦＷの有効性を見せるためのシステムと考える。

有富先生の評価はまさに第三者として客観的な観察によるもので、正鵠を得ている。実用化に向けて、手軽にしかも誰もがＳＦＷを入手できるシステムとインフラを整備することが、私に課せられた今後の任務であると思う。

第7章

創生水開発余話

有冨正憲教授×深井利春対談

有冨先生と創生水開発について腹蔵なく語り合った。
開発余話とでもいうべき内容を紹介させていただく。

有冨正憲教授

深井利春

創生水は未来を拓く鍵となる

ビールの一気飲みが有富教授の研究テーマ!?

司会　今日は「水がエネルギーになる日」というテーマで有富先生、開発者の深井社長にあちこちから掘り下げていただきたいと思います。

有富　この水に関してはわからないことはたくさんある。ただ、物理化学的にはわからないけど、こうだという事実はたくさんある。実に不思議な力をもった水です。

司会　まず、この本の監修をしてくださった有富先生とはどのような方なのか。読者は大変興味があると思うのですが。私がホームページで調べさせていただいたところ、専門分野が、放射性物質の輸送・二相流の動力学・将来型軽水炉の熱水力特性とあります。難解な研究テーマでよくわからない。

有富　どういうことかというと、根本は沸騰してビールの泡のように蒸気と水が混ざった流れをずっと研究をしていたのです。たとえば、原子炉の安全性の研究もその一つです。原子炉の事故が起こったときにどういう挙動を示すか、そういう研究をずっとやってきた。たとえ話になりますが、ちょうどビールを一気飲み、外国人ですとLike drinking beer quickly――自分の研究はビールの一気飲みであると。じわりじわり飲むのは定常状態、トランジェットというのは急激にガバーッと飲む。そういうような流れがどうなるのか、という研究をやっていました。それが気液二相流の動力学です。

私の友人がタイとの関係が深く、タイで気液二相流の研究をしていましたが、諸事情で水の研究に方向転換しました。バンコクで何が一番必要なのか調べたらやはり水だった。バンコクは川の水が汚い、浴びたら病気になるといわれるくらい汚く農業用水としても使えない。全部地下水を汲み上げていました。雨季の間はいいけれど、乾季になると海水が入ってきてしまう。それをなんとかしなくてはいけないということで、あるとき、ＪＢＩＣ（国際協力銀行）から研究費をもらって、タイで水処理関係を始めました。

マイクロバブルや凝集沈降剤を用いて、水の中に浮かんでいるゴミのようなものを凝縮させて除去して澄んだ水をつくるような実験もしていました。私たちがそうした研究をやっているということがネットなどで知れ渡って、いろいろな人が接触してきました。

司会　有富先生は水にも詳しいのですね。深井さんとの出会いは？

有富　バンコクで水の研究をしている頃に深井社長と知り合いました。社長の印象は強烈でした。私は、水処理がお金儲けの道具に使われることはいやだなあと常々思っていた。深井社長にまずうかがった。「会社の業として何をやっているのですか」と。創生水という水を無料で提供しているとおっしゃった。これは売っていないです、と。美容院とかレストランでエコを標榜して、洗剤を使わないという所に機械を販売して、そのメンテナンス費用で従業員を養っています、と。

当時から水を送ってもらっていたけれど、飲み水として送ってもらったのに、まさかそれでお皿を洗う訳にもいかないから、最初はわからなかった。でもネットで調べてみると、たしかにそういうレストランもある訳です。うちはこういうエコを標榜しているレストランだと。嘘じゃないなと興味をもってお付き合いをさせていただいて、もうお付き合いは15年ほどになるでしょうか。

エマルジョンを超えた創生水。出る杭は打たれる？

司会　飲み水として飲用していた水が洗浄効果もあり、さらにエネルギーにも変わる、という事実をどうとらえましたか。

有冨　その後、創生水からエマルジョン燃料をつくってエンジンを動かしている映像などを送ってこられた。これを見てくれということで。実験の仕方をアドバイスしたり、たしかにこれは間違いないと検証したりしました。

ただ、自分のところで撮った画像で捏造している、と言う人たちもいた。一番の問題だったのは、私の知り合いにエマルジョンをつくるためのエンジンに悪さをしない界面活性剤の開発研究をやっている連中がいました。そこからすると、深井さんは敵だし悪魔だった訳です。私もその前に大学の近くの中小企業とそのエマルジョンでディーゼルエンジンを動かしたことがあります。そのときはエマルジョンをつくるのに界面活性剤を使っていた。塩素か界面活性剤かはわからなかったけれど、それがエンジンを壊したり、中のビニールホースが動脈硬化を起こしたりするので、エマルジョンではダメだということになった。彼らからしてみれば、せっかく自分たちがエンジン系統に害のない界面活性剤を開発しているのに、深井社長の創生水は界面活性剤すらいらない、水と油が混ざるんだよと。これに反発する人がいるんです。これは仕方のないことですが。

深井　本来、水が入るとエンジンはかかりません。どんな安定性のあるエマルジョンをつくろうが、エンジンはかからない。これは常識です。ただ、ここで間違えちゃいけないのは、エマルジョンというなかでエンジンとボイラーで燃やすというのは違うということです。今までのエマルジョンというのは、どちらかというとバーナーで燃やすエマルジョンが多かった。火力は当然出ない。このエマルジョンでエンジンを動かすというのはほとんど事例がありません。大手自動車メーカーで特許を申請しても失敗しています。だからエンジンという内燃機関でやった実験は一つもありません。

CO_2ゼロ計画

司会　エネルギーについて基本的な考え方をおうかがいしたい。「エネルギーと水」という大きなテーマ、先生のお考えになるエネルギー、一般にエネルギーを定義するとどうなるのでしょうか。

有冨　一言で定義は難しい。たとえば、我々が使えるエネルギーは火であり、電気であり、そういう仕事に変わるものがエネルギーです。

司会　仕事の力を出すのがエネルギーということですね。エネルギーにはいろいろ新しいエネルギーもあるが、やはり化石燃料がエネルギーの主力な訳ですね。石油は、あと100年くらいすると枯渇するというデータもあります。

有冨　石油は、私が10歳くらいのときにあと30年といわれて、もう50年以上経っている。その頃は当然、北海油田とかそういうのは想定外だと思うし、アメリカのシェールオイルも永続的に供給できる訳ではない。そういうことを考えると、化石燃料があと何年もつかなんてわからないけれど、いずれにしろ、枯渇することには間違いないでしょう。

司会　そういうところで、深井社長がエネルギーに注目をされた訳ですよね。

深井　私はあくまでも環境。CO_2の削減、環境良化を目指しているので、化石燃料の使用量を少なくさせることが一番大事だと思う。今、これからやろうとしているのはLPガスの自動車、これも今、水と一緒に走らせようとしている。たとえば、火力発電所だったら、重油とガスと、大体65％です。これを半減させたら、世界中で完璧にやれば二酸化炭素はなくなるし、今の25％どころじゃなく、地球の温暖化は回避できると思う。太陽光発電とか風力発電はとてもじゃないが、そこまでやろうとしたら莫大なお金を使ったり、それだけの土地を潰したりだとかいろいろな弊害がある。やはり、今使っている化石燃料の量を減らすということをまず進めることが一番大切だと思います。

一般社会は、日本が25％エネルギー削減しましょうといったときに、それに代わるもの、経済的にも楽なものを出さなければ、なかなか満足しません。太陽光発電を考えても15年経たないと採算がとれないのです。だから政府もお金を出している。たった1万5000～2万円の家庭の電気代のために500万～600万円のお金をかける訳です。それで、機器をつくるためのＣＯ$_2$排出量はすごい数値になる。

そういうことを考えたときに、太陽光に代わるものはないかな、という発想が生まれました。極端なことをいえば、降ってくる雨や雪、川、これがもしエネルギーに変わったらどうかという発想です。日本は水の豊かな国だから、水害も多いし、台風も来るけれど、これも逆にプラスになる訳です。そうした自然の恵みを使えたら最高ですよね。今、私が研究しているだけで、50～60％は削減できる状況。これがもっと進めば、もっとすごいことになると思う。ただ、そこにいろいろな利害関係とかが絡んだりする世界もあるけれども、私はその世界はその世界として、正統派できっちりと伝えきっていきます。

現実に、エンジンというのは水が入ったら止まる、というのが原則ですから。しかし、その原則が変わっているんです。水を入れてもエンジンが動いている。この事実を皆さんはどう受け止めますか、と。エンジンが動いている事実を専門家に「解説してください」とお願いしているのです。

SFW開発までの道のり

司会　創生水を使ったエマルジョン燃料、さらには創生水を高機能化した創生フューエルウォーター（SFW）開発までにご苦労なところもあったのではないですか。

深井　そうですね、創生水自体の開発も当然時間はかかっていますけども、エネルギーに着手した時点で、私もエネルギーは初めてだから、先生のように前にやっているとか、先生方の指導を受けてやっていれば時間もけっこう早かったんだろうけれども、初めてこの世界に入ったもので戸惑いも正直ありました。

たとえば、ボイラーは、あくまでも油100%で燃えるようになっている。油100%でエンジンがかかるようになっています。それにエマルジョン燃料で挑戦した訳です。試行錯誤をずいぶん繰り返しました。油が安定すればするほど燃えないことがわかってきました。燃やしてもカロリーが出ない、表面張力を潰してはダメだ、水とエマルジョン燃料で燃やしてはダメだということがだんだんわかってきて、逆に水そのものを直接入れる、完全に乳化させないで混合させて入れてしまう。これが一番だと。

実験を後押ししてくださったのは、信州大学の先生です。実は、エマルジョンで国の制度資金の申請をしました。わずか50万円ですが。でもそれが通って、審査委員長が信州大学の教授だった訳です。それで先生がこの水に興味をもって、「深井さん、この審査とは別に付き合いませんか?」という話をいただいた。「いいですよ」と。大学でこの水の研究をさせてくれない? と言うから、わかりましたと。部材もすべて提供しました。

それで学生さんが1年以上かけて研究をしてくれました。その先生が出した結果が二つありました。一つはイオン交換樹脂でナトリウムが出る。もう一つはこのナトリウムが油と結合して、石鹸ができると。要するに乳化する訳です。油が乳化する理由はこれなんだと確信しました。さらに、創生水は表面張力が超純水と同じ71・5(dyn/cm)あると。表面張力が強い、私はその単位や計算方式はわからないけれども、界面活性剤を入れると20、普通の水道水が60、超純水が71・5になるという。この強い表面張力が、水が蒸発するときに爆発する力になり、水の周りについている油が細かくなるのと同時に完全燃焼できるのではないかという推論を出していただきました。水素ガスによって水が燃えている可能性もある、と。これは目に見えた訳ではありませんが……。

創生水の比重が重いのは原子状水素の存在証明?

有冨　それらの事実は間違いないと思います。あとは創生水そのものが、比重がちょっと重い。だからよく深井社長がいっている原子状水素というのはそういう形で存在しているのではないか。私も若い頃はイタズラをしたことがあって、二級酒のビンの底から強力な超音波を当てると、まろやかな味になって、特級酒並みの味になる。どうもそれはあとから考えると、水というのは分子が非常に長い構造になっており、超音波を当てると振動で細かくなり、まろやかになる。誰も水の分子の長さを観測した人はいない。創生水は油と創生水が何かの反応を起こすのだと思っていました。そうであれば、たしかに循環したあとでも油と創生水が混合したものから水成分の計測ができないだろうかと考える。創生水以外の水道水を30%混ぜると、30%の水というのは計測できるけど、創生水と混ぜると水という値では計測できないのです。

ヒドロキシルイオンの存在

深井　それは要するに、水の分子が小さいから油などの隙間に全部入るからです。

有冨　それで初めて、最初の疑問が解けた。なんで水なのに油が溶けるのかと。そうであれば、深井社長がやっているところのものはなんらかの形でそういう融合をしていて、水ではない化学物質になっている可能性があるだろうと。HとOHがそういう風にくっついているような、そういうものになっているのではないかと。創生水そのものがHとOHのHが余分に入っているのではないかと推測できるのです。

深井　OH基とOH基の間にHが一つあって、それがピストン運動をしています。だからH_3O_2マイナスになります。トルマリンというものに水を回転させて1時間、3時間、5時間、これは筑波大学でやった実験でデータがあるけども、そのときに、H_3O_2マイナスという水に何%か変わっているということが発表されています。アメリカの大学でも、H_3O_2マイナスが存在すると、雑誌「サイエンス」で紹介されています。

司会　それは実験して分子構造がわかったのですか?

深井　H_3O_2マイナスというのが、ヒドロキシルイオンとして存在するということはアメリカの大学の先生などの研究によって科学的に証明されている。

あともう一つ、昔なのだけれど、この水が糖尿病改善に効果をもたらす可能性があるということ。糖尿病の文献の中にインスリンを活性化させるものとして、水酸基(OH基)というものがある。その中にヒドロキシルイオンがある。それでこの創生水がヒドロキシルイオンだから、糖尿病改善にいいんだ、と。要するに、ヒドロキシルイオン効果でインスリンを活性化させるんだ、ということがわかって、自分で人体実験をやった。そこで初めて身体にいいということがわかりました。そういう部分で、H_3O_2マイナスは医学的においても、他の分野においても、証明はされています。

創生水の水素反応からエネルギーへの発想展開

司会　このヒドロキシルイオンのおかげでエネルギー、エマルジョンの発想に結びついた訳ですね？

深井　そうですね、今から18年くらい前の私の講演を聴いてもらえるとわかるのですが、洗剤がいらない、農薬がいらない、健康のためにこうだよということでセミナーをやってきて、最後には今は20世紀だけど、21世紀に入ったらこの水は燃えますよ、と。そしてこの水で車も走って、飛行機も飛びますよと。その時代が必ず来ますからという話をしたことがある。そういう想いをずっともってきました。

そのきっかけが何かというと、実は一升瓶で創生水をお客さんに送るでしょ、創生水は栓がしてある。冷たい部屋が暖まって温度上昇が10℃くらいになってくると栓がドーンと飛ぶんです。それで私はすぐに調べさせた訳です、何が起きているかと。そうしたら水素ガスが出ているのがわかったのです。

司会　水素爆発だったんですか？

深井　まあ小さな水素爆発ですね（笑）。普通じゃありえない。電気分解じゃないけども、3000℃とか、そうしなければH_2Oは分かれない。ところが、わずか10℃、20℃で水素と酸素が分かれて、酸素ガスと水素ガスが出ている。ドーンと飛ぶんです。それで私は創生水が燃えると確信した。18年前のことです。いつかこれを燃やすぞと強く思いました。

有冨　18年前はその話を聞いてないから（笑）。油を除去できる、溶かすと。洗剤と同じ効果をもっているということと、もう一つはいろいろな面で、水素ガスが入っているから、血液の循環が良くなるとか、この水を飲み続けているとそういう効果はあるだろうなと。医学的にどれだけ水素が入っているかということを、深井社長にも言ったが、これは計測できていない訳です。たしかに、比重1のはずが1・0069とかそういう値になっている。何回測定しても近辺の値になるということは、深井社長がいう原子状水素になっている可能性はある。通常の水だったら、1・6ppmしか水素ガスだったら溶けない。だから原発の中で水素ガスを入れている訳ですよ。どういうことかというと、中性子とかガンマ線で冷却水が分解して水素と酸素ができると、酸素が悪さをして腐食してしまう。だからそれを防ぐために原発の中に水素を入れている。それは、水が放射線分解して水素分子と酸素分子になると酸素分子は炉内構造物を酸化させる作用があるため、水素リッチにすることにより分解した酸素を水に戻しやすくするためである。創生水を使えば、それもいらないのかもしれない。

深井 九州大学の白畑教授が十数年前に原子状水素の測定の方法を雑誌「サイエンス」で発表された。いろいろ攻撃される方もいるけども、そのときの方法で創生水を測った際に、ルルドの泉の約10倍以上あると測定の証明書を出してくださった。単位としてはごく微量ですが。

司会 測定方法もわかった訳ですね？

深井 先生は測定方法の特許をとった訳です。それで発表された。一時、テレビでも報道された。そういうなかで知ったのは、もう一つの方法、過酸化水素（H_2O_2）に水を入れると分解されて酸素ガスが発生する。注射器に入れて48時間置いておくと、その量を測ればわかる。H_2Oだったらたとえば10だと。それが本当に原子状水素、単独のものがあれば、その数値よりも3倍に増えるはずだと。たしかに、創生水は3

倍に増えている。そういう証明の仕方も出しているんだけれども、これが正しいかどうかは客観的なデータが必要です。たとえば簡単に色をつけて、これだけあったという実験では原子状水素の存在は測定できない。分子ではなく原子の世界だから、これは先生ご存じだけど、非常に難しい訳です。のぞいて見えるものでもないから。

先ほどの話ではないんですが、広島講演に行ったときに、真夏なんです。創生水の一升瓶――水を飲んだ空瓶――があって、下に少し残っていたんだけれど、栓をきっちり締めてもって歩いていたんです。捨てる訳にいかないもので。そのときのメンバーと原爆資料館を見るというので立って並んで待っていた。瓶を足元に置いておいたら、瓶が破裂したのです。ボーンと破裂して割れて警備員が飛んできた。私もびっくりしたけど、落ちて割れたのではない。完璧な破裂です。それで、それを見たときにこの水はすごいことが起きる。わずかな水で熱、太陽で暑かったもので、その熱で水素ガス、酸素ガスが出て、水素ガスと酸素ガスに火つけたら、ワァーとなりますね、それと同じ現象を起こして爆発したという訳です。

司会　つまり、新しいエネルギーの発見という訳ですね。

ＳＦＷがエンジンを稼働させている

深井　そういうことですね。そういうことが私には直感として残っている訳です。だからいつかこの水は燃やすぞっていう頭があった訳です。

司会　そして今、創生水はエマルジョン燃料からＳＦＷになって様々な分野でエンジンを稼働させている。深井社長の夢が現実となっている。マレーシアの漁船でも問題なく稼働しています。

深井　漁船というのはどちらかというと、全部エンジンがディーゼルエンジンなんです。要するにディーゼル発電機と構造は同じ。だから最初、何がきっかけだったかというと、長崎に清水商会という商社がいらっしゃって、この方が今までフィリピンに中古の船を約１０００隻以上売っていた。この方はボランティア的なこともやっていて、バターン死の行進[※]のあったその道筋に全部小学校をつくったり、寄付したりいろいろなことをやってフィリピンに表彰されている。どうにかフィリピンにもっと貢献したいということで、その話を聞いたＮＨＫがぜひ取り上げたいと熱心でした。

その彼が、漁業を営む人たちをどうにか助ける方法がないかと模索していた。要は

※バターン死の行進……第二次大戦中の日本軍によるフィリピン進攻作戦で、バターン半島で日本軍に投降したアメリカ軍・フィリピン軍の捕虜が、収容所に連行される際に多数死亡した「死の行軍」のこと。

船が海に出ると、たとえば1億円の収入があるとすると、その八十数%が燃料費だというのです。それで3〜4%が人件費、ものすごく安い。ほとんど利益が出ない。80%の燃料をたとえ10%でも15%でも削減できたら画期的です。みんな生活が楽になる。そういう貢献をしたいというなかで、彼の息子さんがインターネットを調べているときにうちのホームページを見た訳です。それでこれはすごいなと思い、自分の目で確かめたいと思って、息子さんが私のところに訪ねてきた。それから、私のところでボイラーを燃やしたり、発電機を動かしたりするところを2、3回見学された。これはすごいということで、お父さんの会長にその話をした。親父さんがフィリピンから戻ってきて、うちにまた見に来た。船にエンジンを付けられないかと。何を動かせば納得しますか、と聞いたところ、ディーゼルエンジンだと。どんなエンジンでも動くよと、話しました。うちにはエンジンがないんだけどと言うと、ディーゼルエンジンを現地から送ってきた。大きなエンジンでした。そのエンジンを動かし始めた。そうしたら、それを見た清水商会がびっくりして、これはいけると。それで導入が決まったのです。

現場を見て検証することが信用につながる

司会　漁船への適用というのは、有富先生はどのように評価されますか？

有富　漁船をマレーシアでやることに大賛成。というのは、深井社長がいっていたYouTubeの画像は、深井社長の工場でやって、社長の知り合いが映像を撮っている訳ですよ。だから周辺からは、どこか手品くさいと。水が燃える訳がないと。エマルジョンなんて、界面活性剤がなければできる訳はないと。第三者がその場で見ていれば、インチキしてないことが明らかになるから、確実にエンジンを稼働させている。これは何より忠実に事実を物語っています。

深井　あるマスコミ関係者が、H大学とO大学の教授の先生方に動画を見せてこの話をしたらしい。そうしたら、今先生が言われたように、こんなものは偽物だと。何か間違いがあると。正式に認められるためには、カメラは一切カットしないで動かさず、透明なものに水と油を入れて、出力がわかるように発電のアンペアの出るものを撮影する。CO_2排出量もカメラを動かさないという条件のもと、まず基油だけの発電時間を計って、それを撮って見せなければ信用できません、と言われた。だから、そういうものをつくりました。私の最初からのアイデアではなく、言われたから。大学の先生が、そうしなければ信用できませんと言ったからやったんです。でも、言われたからやって、その通りにやっても……ダメなんです。信用しない。やはり現場を見ていただく他にはありませんね。

司会 すべてをさらけ出しているのに信用されないというのは、どんな世界にもありますね。革新的なことを否定する風土が日本にはあるような気がします。自動車のエンジンにも適用が始まっています。

SFWは車を動かし非常用の飲料にもなる

深井 当然、自動車のほうが楽ですよ。だってガソリンの着火点は他の油と違うんですから。エマルジョンをやったときに苦労したのが、重油と軽油はライターで着火しても火はつかないですよね？　でも灯油とガソリンにはパッと火がつく。この違いなんです。だから自動車エンジンへの適用もそう困難ではないと思いました。

有冨 ただ、製品化するならば自動車業界は非常に難しい。SFW供給スタンドをどうやってつくるかです。たとえば、漁船とかだったら、大きな港に創生水をつくる設備を備えて、そこに貯めておけばいい。場合によったら乳化したもの、両方混ぜたものを置いておいて、漁船が入ってくるたびにそれを供給すればいい。

深井　それを先生が言ってくれたおかげで、私に一つのアイデアが出た。車にステンレスのタンクを置いて、ここからＳＦＷを入れる訳です。そうすると、この水をどこで補給するの、という話になる。それで思いついたのが、大きいアルミホイルの袋。そこにＳＦＷを入れてコンビニエンスストアなどどこでも売れるようにする。それを後方のトランクにホースが来ていて、そこに接続すると水が流れていく。終わったら入れ替えればいい、こういう方法を考えています。

水だから安全。飲めるから２つ３つ入れておいても大丈夫です。しかもこの水は腐らない。15年経っても大丈夫です。しかも身体に良い、エネルギーにもなる。東京都は震災のために、地震があるといけないからペットボトルで水をストックしています。大体３～４年で全部捨てて、また新しいものを入れ替える。全くもったいない話です。それを考えたときに、これをストックしておけば15年もつし、いざというときには飲むだけではなくて、燃料にも使える。二重、三重に使える。これは東京都に話をしたいと思っています。こういう使い方ができます、と。
最近、ドイツの民間防衛計画で、家庭の飲料水5日分、一人1日2ℓが目安ですから10ℓ分の備蓄を勧めている。この計画を日本政府も導入を検討している。創生水は長期間の保存が可能ですから、備蓄するには最適な水です。当社には18年備蓄した、いわば18年物の水もあり、もちろん腐らずに新鮮で飲用できます。いよいよ創生水が日本の全世帯にいきわたる日が近づいてきている予感がします。

有冨 なるほど、良い考えですね。漁船の場合、大きい発電機だったらその脇に創生水のプラントをつくっておけばいい。主な大きな港だったら港にSFWのタンクをつくる。漁船はその港に入ってきて、そこで給油とSFWを積めばいい。

深井 マレーシアはそのステーションをすでにつくっています。何をやっているかというと、隣には軽油の貯蔵ステーションがある。漁船に燃料を積むとき、軽油と同時にSFWをスーッと別々のタンクに入れています。つまり、創生水の基地ができています。

有冨 漁船の場合は、港がそういうものをつくっていいよといえば、深井社長のところで建設もできる。同時にメンテナンスもやらなくてはいけないから、会社がスムーズに循環する。ただ、自動車は気をつけないといけない。ガソリンスタンドからすれば、それだけ売上が減る訳だから。

深井　基本的に一番大切なのは、この水がエンジンを完璧に動かしているということが目の前にあるということです。これからは、マーケティングのプロをたくさん集めて、ＳＦＷを多面的に展開していくことが大切になると思う。ここまで来るのには時間がかかりましたが、不可能を可能にした訳ですから、今後はいかに普及させていくかです。だから、あとはこれについて私が気をつけているのは、人間の金銭欲です。利益だけを優先するような人とは組みたくない。極論だけれど、何かの傷を背負っている人というのは信用できる。どうやって私を騙して金儲けしようかと考えるような人とは事業をできません。

ＳＦＷで得た利益を社会還元のために使う

司会　深井社長は社会的な貢献というか、環境に対する配慮とか、そういったものが創生水開発の根底の思想です。マレーシアの漁船へのＳＦＷ導入も社会的な意義を強調されています。

深井　そうです。たとえば、80％の燃料費を40％削減できたとします。すごい経費削減になる。その浮いたお金が働いている人たちのほうへまわるかというと、ちょっと不安が頭をよぎります。オーナーだけが儲かる仕組みは排除したい。ですから私は成功報酬として15から20％を管理費として請求します。そのお金を使って、新たなＳＦＷの開発費に充てたり社会還元したいと思っています。

有冨　漁船は海外の導入事例をどんどんつくっていっていただきたい。

深井　私はこれでもう少しお金ができたり集まったりしたら、タンカーを購入したいのです。港においておけないから今買うと安いんです。タンカーを自社で運航する。そうすればＳＦＷがもっと普及すると思うんです。クルーザーでもいいですね。エンジンの稼働状況が外からもすべて見えるようにする。そうすれば、海運業をはじめ船舶にＳＦＷがスムーズに受け入れられるようになる。

司会　船はそういう形で導入事例を増やしていくと。自動車への導入の課題はどうでしょう。

深井　たとえば、水素燃料、電気自動車などはとにかくメカが複雑で費用がかかる。ＳＦＷを使う場合はものすごく簡単です。燃料供給ポンプのところに同じようなポンプをもう一つ付けるだけ。ＳＦＷが入って、ガソリンと混合機を通して融和させるだけです。この装置なら大体数時間で付けることができる。あとはＳＦＷ注入用の電磁弁のスイッチを入り切りすればいいのです。大体30万円ほどで販売できると考えています。

あとはＳＦＷの補給だけですから、ヒットするときはものすごい勢いでヒットすると思っています。

今のテスト車の中で電磁弁のスイッチのオン、オフはアクセルと連動させていますから、アクセルを踏むと電磁弁が開いてＳＦＷが入る。離すと電磁弁が閉まってＳＦＷが入っていかない。そういう形式ですから、機器の設置も簡単です。ただ困るのは、北海道とか寒冷地で水が凍るところです。耐寒策を講じなければいけません。油の中に入ったＳＦＷは凍らないけれども、外に出ているものは凍ります。

東南アジアや中国南方は暖かいところだから、その心配は全くない。ですから導入はすごい勢いで拡がる可能性があります。

（注：対談時から数ヶ月経過した２０１６年6月には中国・上海でＳＦＷの自動車への導入テストが行われました）

夢は頭の中で構築し実現していくことができる

深井　ＳＦＷは東南アジアとか中国南方とか暖かくて、二酸化炭素などの排ガスが多い国に普及させたいと思っています。

　私は頭の中で、夢の構想を全部つくっている。夢の実現というのは、頭の中で描く夢の仕組みが全部出来上がることが一番大切で、あとは行動に移すだけで現実となる。だから何より自分の頭の中でシステム、流れ、広がり方を描くことが大事。描くときに、先生方のいろいろな助言を聞きながら、なるほど、こうなんだ、じゃあそれにはどうしたらいいかとアイデアを広げる。いろいろなことを専門家や大学の先生からうかがって課題を見つけ、それをクリアーしていく。そういう繰り返しが夢をどんどん実現していく原動力になっています。

有冨　次はジェットエンジンへの導入とか？

深井　今から7年くらい前でしょうか。横須賀基地－米軍基地－の総責任者に呼ばれて、そこでA重油エマルジョンに火をつけて燃やしていると、急に司令官がジェットエンジンの燃料をもって来いと。はあ？と思ったが、これを燃やしてみろと言われた。

ジェットエンジンの燃料は初めてだったけれどいいですよと。SFWを50%入れて、火をつけて燃やした。司令官が見ていてびっくりしていた。すごいな、と。どうしてですか?と聞くと、炎が透明で向こうが見えると。要するに炎が赤くない。火力がものすごく上がっていると炎が見えないんです。それを聞いてピンときました。ジェットエンジンにも使えると。

それでさっそくインターネットで、神戸に小型のジェットエンジンをつくって各大学や研究所に納めている企業を見つけました。夜中に見つけて、よし明日行こうとスタッフに伝えると、連絡とらなくちゃダメとの返答。いや、いいよ、いいよ、行こうと言って翌朝、新幹線に飛び乗って神戸に向かった。10時前頃に神戸に着いて、そこから初めて電話を入れた。たまたま社長がいた。現場に着くと「運がいいですね、普段ここにはいないんですよ」と言われた。それでうちのビデオを見せました。最初は半信半疑でしたが、そのうちどんどん夢中になっていって、すごいですねと。実はジェットエンジンで実験したいから、お宅でエンジンをつくってもらえないかと頼みました。

ジェットエンジンの燃焼実験が成功すれば、ロケット燃料も夢ではない。気宇壮大な夢が膨らみました。ジェットターボいわゆるジェットエンジンと、一つはタービンがついていて、タービンを燃やして電気を起こす二つのエンジンの製造を２０１５年暮れにお願いしてきました。

有冨　深井さんの行動力には感服します。私が心配しているのは、次から次へと新しい分野へ展開するのは良いのだけれど、まず一つ一つが事業として成り立つようにしないと。私は逆ですよ、金儲けできないから大学にいたんだから。大学の人間が社長にこんなことを言うのは筋違いですね（笑）。

ただ、創生水の可能性は限りなく広がっているのは間違いのない事実です。

司会　まさに、創生水は未来を拓く鍵になりますね。

第8章

創生水は生活を変える

創生水は暮らしを洗い、
環境汚染を減らし、
自然の力を取り戻す

人間は水の生命体

人間の身体は水でできている、と誰もが疑わなくなった。大人の身体の約60％は水であり、赤ちゃんの身体の85％は水である。血液の90％は水であり、脳はその80％が水でできている。さらに骨の30％は水である。こうして見てくると人間の身体は水でできており、まさに水の生命体といえるのだ。水が人間の命を守るためにどれだけ活躍しているのかは我々の想像をはるかに超えている。

この命を守る水は、1日約2・5ℓも尿や便、汗などから体外に排出されている。したがって毎日2〜3ℓの水分を、水や食べ物から摂り続けなければならない。1日水を摂らないと身体から2・5ℓの水が失われる。

飲んだ水は、すぐに脳や生殖器に送られ、30分以内に皮膚や心臓などに達し、体内を循環する。この水が約1ヶ月で入れ替わることはあまり知られていない。

だからこそ、今、命を守る水はその品質、機能が問われているのだ。

創生水は暮らしを変える

では、命を守る水である創生水の特徴はどこにあるのか。なぜ、創生水が暮らしを守り生活を変えることに役立つのか。

水はH_2Oだと誰もが知っている。普通の水は、これがいくつもつながってぶどうの房のようになっている。創生水はこの分子集団（クラスター）が小さいのが特徴だ。このことは水の力を最大限に引き出す要素といえる。クラスターが小さいと、分子集団の大きな水（水道水）では通れない体内の油でも、創生水なら簡単にすり抜けることができる。そして、必要なところに必要なモノを届ける役割を果たす。

創生水をいくら飲んでもお腹にたまらないのは、このためである。水の研究者が、分子集団の小さな水を探し求めるのもこのような理由からだ。創生水は自然を科学し、真似ることで分子集団を小さくすることに成功した。実際に創生水のクラスターを調べてもらったところ、クラスターが小さいことが証明された。同時に油を溶かす力があるかどうかも調べた結果、備えていることが証明された。繰り返し述べるが、これは創生水に洗浄力があることに他ならず、このことは多くの家庭や事業所で使われ実証されてきた。

還元力をもった水

人は老化し、食べ物は腐り、鉄は錆びる。これらのことを「酸化」という。そして酸化の逆は還元である。別の表現をすれば、酸化は腐敗であり、還元は新鮮である。どんな新鮮なものでも、放置すれば腐敗していく。酸化しているか還元されているかを測るのが、酸化還元電位である。単位はｍＶ（ミリボルト）で表し、＋２５０ｍＶを原点基準とする。

私たちの身体や他の動物や植物などの自然界で生息するものたちは、還元していて弱アルカリから酸性の範囲でつくられている。水道水のように酸化し過ぎるものあるいはアルカリ性に偏り過ぎた水は、たとえ還元はしていても身体には適しない。

創生水は、酸化還元電位を低くし、ｐＨでいえば弱酸性から弱アルカリ性の間に位置する水で、自然の領域にある水である。

水素水と創生水の違い

ここ数年、水素水がブームになっている。美容や健康のために多くの人が生活の中に取り入れ始めているという。このブームに警鐘を鳴らしたのが、産経ニュース（ネット版２０１６年5月16日）だ。記事の概要は「水素水の多くは、電解還元水のことで、かつてアルカリイオン水と呼ばれていたものを、同じ水が名前を変えて販売され、あたかも新しい水として注目されているのが実情」ということだ。しかし、この水素水を研究する専門機関や大学教授も多数おり、賛否両論が交錯している。

２０１６年5月28日に横浜で開催された「日本分子状水素医学生物学会設立記念大会」では、大学病院の准教授らが、高濃度水素水によるパーキンソン病治療の臨床実験を行い、改善に効果が見られたという報告を行った。

その他、様々な機関で実験・検証が行われ、糖尿病、認知症、動脈硬化、ＥＤにも効果があると報告されている。果たして、水素水はそんな魔法の水なのだろうか。

こうした論争にピリオドを打ちそうな研究結果が、２０１６年6月10日に国立健康・栄養研究所の「『健康食品』の素材情報データベース」に掲載された。その結論は、水素水の有効性について「信頼できる十分なデータが見当たらない」というものであった。また、「水素水」を飲んだことで体調不良を起こす人もいて、安全性についても信頼できるデータがないと指摘している（記事内容掲載不可のため詳細は同研究所のホームページを参照）。

果たしてどちらの指摘が正しいのか。結論は賢明な読者の判断にお任せしたい。

私は水素水を攻撃するつもりも、多くの人が愛飲するミネラルウォーターを否定するつもりも全くない。創生水を他の水と比較して、あるいは他の水を攻撃して、優位性を保とうとは毛頭考えていないからだ。

なぜなら、創生水には創生水独自の性質があるからだ。その特徴の一つが活性水素反応だ。水素水は分子状の水素（H^2）を溶解した水であり、活性水素反応のある水は原子状の水素（H）を溶解した水である。原子状の水素が存在する可能性があることは、水のもつ機能を著しく高める、と私は考えている。

活性水素反応のある水

体内でつくられる活性酸素を中和する働きがあるとして、活性水素は水の世界で大変注目されている。活性水素で有名なのは、ドイツ・ノルデナウとフランス・ルルドの水だが、その2ヶ所の水を採取し、創生水と比較してみた。結果は、活性水素研究の第一人者である九州大学大学院白畑實隆教授から「ルルドの水の2倍から10倍の活性水素反応がある」という研究結果をいただいた。活性水素反応とは科学者の間では「水素ラジカル様物質」と呼ばれている。詳しくは後述するが、創生水には高い活性水素反応すなわち原子状水素の存在の可能性が認められたのである。

ライフスタイルを大きく変える創生水の力

創生水を生活の中に取り入れると、ライフスタイルはどのように変わるのか。私の生活を含めこれから紹介する多くの方の声を集約すると、次のような変化が顕著に起きる。読者から小さな変化ではないか、と指摘されるかもしれないが、この生活のなかの小さな変化が、地球環境を守る大きな変化へとつながっていくのである。

・台所から洗剤が消える。油汚れも洗剤なしで洗浄が可能に。台所には綿の布だけあれば洗い物が簡単にできる。
・創生水は油などの分解力を高め、流せば流すほど排水がきれいになる。
・美肌効果があるといわれている温泉はどれもナトリウムイオンが多く含まれており、身体を温め、肌をしっとりつるつるにする。創生水にも温泉成分で大切なナトリウムイオンが多く含まれている。還元力の強い水が身体を包み込むため湯ざめをしない。
・顔の脂も、創生水できれいに落とすことができる。美容にも活かせる。
・創生水で洗髪すると、気持ち良い仕上がりになる。化学物質で頭皮にダメージを与えることがなくなる（美容室でも多く使われており、その効果は実証済み）。
・洗濯に変革が起こっている。洗剤や柔軟剤を全く使わないのに、衣類がフワフワに仕上がり、着心地が良くなる。すすぎ回数を減らせるので節水も可能。
・歯磨きに使う。口の中に化学物質を入れることは、とても不自然な行為。水だけで歯を磨くことができるのは創生水だけ。
・洗車も効果的。創生水で車を洗うとワックスをかけたような光沢が生まれる。
・創生水を土壌に撒くことによって、酸化した土壌が還元され植物も元気に育つ。

・カビの発生を抑制する。風呂場、台所、洗濯機の裏側などカビが発生しやすい場所も創生水に切り替えればカビが生えにくくなる。
・料理の水に使う。創生水で調理すれば素材の味が引き出されて、美味しい料理はより美味しく、煮物は早く煮える。

創生水の高い洗浄力効果

暮らしに役立つ様々な特徴をもつ創生水だが、とりわけ顕著に性質が表れるのが、高い洗浄力効果である。次に何種類かの台所用品や車と汚れの成分、洗浄方法を示し、創生水の洗浄力をテストした結果をご紹介する。

創生水を生活に取り入れることで、暮らしの中心といえる台所、洗濯、風呂場などから洗剤類が消え、家庭排水からは有害化学物質は一切流れなくなる。つまり「汚染排水ゼロ」の地球を汚さない生活を送ることにつながるのだ。「きれいな生活」とは、人間も地球も汚さないことだと思う。創生水は地球への汚染を少なくするのではなく、

■ 汚れの主成分／
水あか

■ 対象の材質／
ステンレス

■ 洗浄方法／
スチールウールでこすり洗い。
綿タオルで拭く。

■ 汚れの主成分／
油汚れ、焦げ付き

■ 対象の材質／
ステンレス

■ 洗浄方法／
熱湯につけおき、5分位後に
ステンレスタワシでこすり洗い。

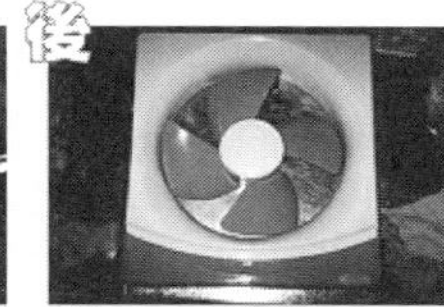

■ 汚れの主成分／
油

■ 対象の材質／
プラスチック

■ 洗浄方法／
熱湯につけおき
タワシでこする。

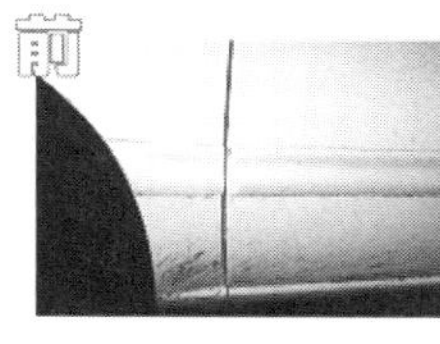

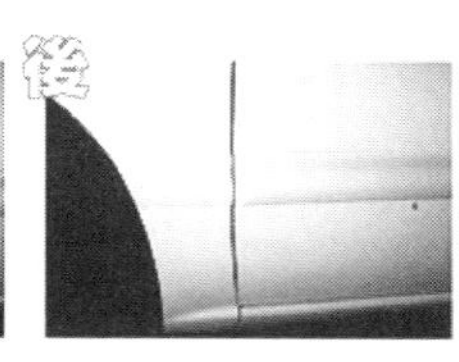

■ 汚れの主成分／
タールピッチ、泥

■ 対象の材質／
塗装鋼板

■ 洗浄方法／
創生水をかけながら
綿タオルでこすり洗い。

創生水の洗浄効果比較

地球をきれいにする暮らしを洗う命の水である。

研究・実験結果が示す創生水の特質

創生水については、開発当初から多くの専門家、大学の先生にその成分、効果などを実験していただいた。その結果を改めてダイジェストでお届けする。

なかでも、金沢医大血清学　財団法人石川天然薬効物質研究センターや、東京福祉大学の小川教授の研究・実験は創生水の根源に関わるもので、特筆しておきたい。

抗体タンパク分泌能力をより活性化
「人体内細胞の活性に及ぼす創生水の影響」(2002年)

金沢医大血清学　(財)石川天然薬効物質研究センター

動物や植物細胞の重量の80%以上が水であることはよく知られている。しかし細胞に含まれる水そのものが細胞活性に対してどのように影響するか、その内容を吟味した研究はこれまで少ないのが現状である。

今回、細胞の内外をとりまく水をテーマに水と細胞活性への作用を検討した。

これまで創生水を生体への影響として取り組んだ研究は日本獣医畜産大学の寺田厚教授らによる研究がある（筆者注：前著「洗剤が消える日。」ダイヤモンド社刊に詳細掲載）。報告によれば、創生水は人とラットにおいて腸内細菌のフローラを適正化するとの内容である。

今回、体外環境に対するこの報告を受け、体内への影響を調べた。体内の細胞として、試験管内においてその働きを視覚化しやすい、抗体タンパク分泌細胞を選んだ。抗体タンパクは細菌やウイルスが体内に侵入したとき結合して、病気を未然に防ぐか、または軽減する重要なタンパク質である。

今回、免疫担当器官として名高い脾臓中の抗体タンパク分泌細胞の数に対して、創生水はいかなる影響を及ぼすか調べた。

抗体とはリンパ球のうちB細胞の産生する糖タンパク分子で、特定のタンパク質などの分子（抗原）を認識して結合する働きをもつ。抗体は主に血液中や体液中に存在し、体内に侵入してきた細菌やウイルス、微生物に感染した細胞を抗原として認識し結合する。抗体が抗原へ結合すると、その抗原と抗体の複合体を白血球やマクロファージといった食細胞が認識して体内から除去するように働いたり、リンパ球などの免疫細胞が結合して免疫反応を起こしたりする。これらを通じて人間や動物の感染防御機能を高めていくのである。

実験の結果は、創生水は上下水道はもちろん、医学実験室の高度純化精製水に比べて、抗体タンパク分泌能力をより活性化する結果が得られたのである。

さらに同研究センターでは「糖尿病と創生水」について次のような見解を示した。

「糖尿病と創生水」

糖尿病は未治療の状態では、血糖が慢性的に上昇している状態となる（高血糖状態）。糖尿病特有の状態は、口渇・多飲・多尿・体重減少などの症状をともない、適切な治療がなされねば昏睡や死にいたるが、これらの症状の軽いもの、あるいは全く存在しないいものもある。この高血糖や他の生化学的異常は、インスリンの合成・分泌の障害あるいは作用の不足によるもので、また、糖尿病状態をもたらす病態はいくつもあり、症状の程度は主としてインスリン作用の不足の程度によって決定される。特に糖尿病患者は網膜・腎・末梢神経に進行性の病変を来し、さらに心・足・脳の動脈硬化病変の悪化をもたらすとともに貪食（どんしょく）細胞の働きが低下して、糖尿性壊疽となることがある。

今回マウスを用いて実験的糖尿病動物を設定した。創生水及びその他のサンプルを別個に与え2ヶ月間飼育した。その後ブドウ糖を飲用させて血糖値の変動を調べた。

その結果、創生水投与群は糖尿病のマウスの血糖値に比べ、負荷試験開始時において、有意に低い値を示した。また、糖負荷試験後90分において、低い値すなわち血糖値を改善する作用が認められた。さらに創生水以外のサンプルを用いてみたところ、創生水の改善度が際立っていた。

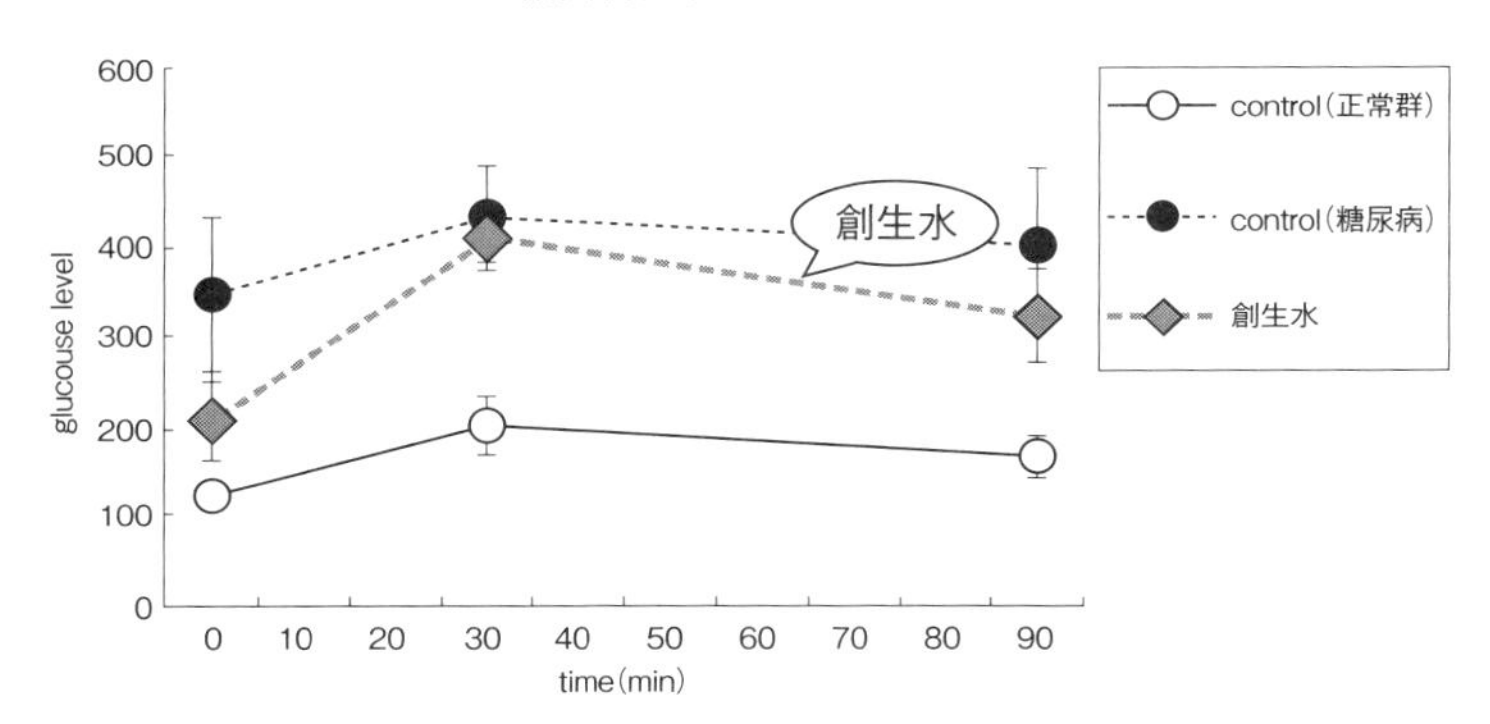

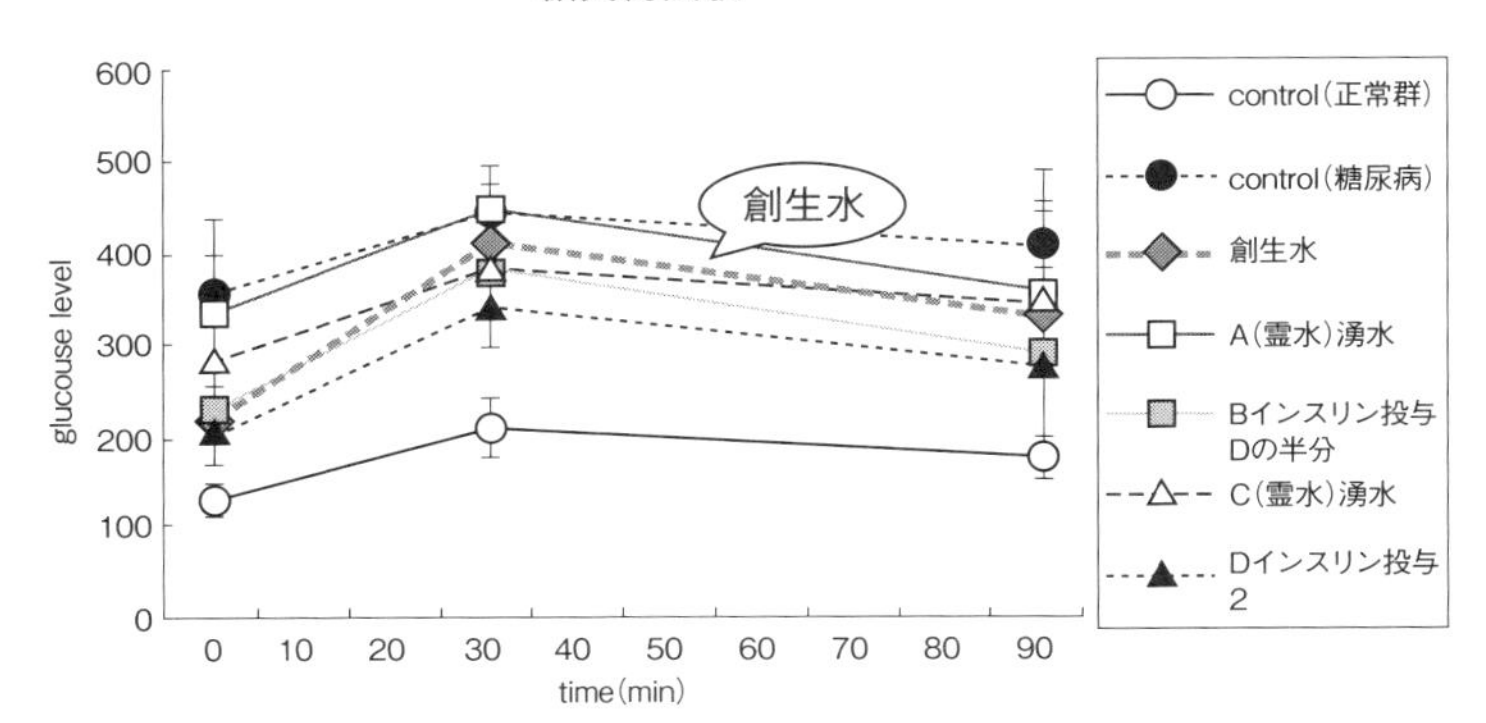

金沢医科大学　血清学教室　主任
教授　医学博士　山口　宣夫

マウス実験ではあるが、創生水が糖尿病に効果がある可能性が示された。

次に紹介するのは、東京福祉大学の小川教授の研究結果である。先生は創生水のヒドロキシルイオンに注目された。

「創生水はヒドロキシルイオンを含有」（2013年）

東京福祉大学名誉教授　小川誠一先生

東京福祉大学の名誉教授であり医学博士の小川誠一先生は「創生水の臨床応用への指向」――機能水としての位置――について研究され、ヒドロキシルイオンの存在を実験で明らかにされた。

その実験成果を次のように述べられている。以下は当時の先生の見解である。原文の一部を紹介する。

ヒドロキシルイオンが水素イオンを誘発

創生水生成器には、イオン交換分離の原理を応用したイオン交換クロマトグラフィの

システムを利用したもので特殊なイオン交換体を組み入れたものである。（中略）

水分子のクラスターを小さくするために黒曜石を用い、それによる効果的な活性水素の発生をもとに行われる還元システムを組み込んだものである。

創生水は水道水を原水としているので、これらの装置は硬水を軟水化するためと、高いろ過能力を期待したものであり、しかも同時に水道水中の消毒剤である塩素などの酸化物質を不活性化するものである。水道水中には発ガン物質のトリハロメタン、トリクロロエチレンなどの有機溶剤、除草剤、農薬成分、重金属、環境ホルモンなどの他、アスベスト繊維も混入されているという前提から、これらの諸装置は不可欠で、各々重要な機能を分担している。

さらに、創生水生成器によりヒドロキシルイオンを発生させることが可能になった。このヒドロキシルイオンはオキソニウムイオンともいわれ、創生水がもつ洗剤不要の洗浄能力発現の基本原理である。

このヒドロキシルイオンは化学的にプロトン効果を特異的に誘発するものである。プロトン（ｐｒｏｔｏｎ）とは、要約すれば水素イオンのことで、しかも正（＋）電荷をもったものであり、著明に強い分極効果をもっているために大きな洗浄能力につながるのである。アスベストを取り去ることも、その延長線上にあるものと推定できる。

活性酸素は身体の錆びの原因

医療用機能水は、水と生命体の根本的な相関の原点に立つことで評価が決まる。体内の水は専門用語で細胞内液と外液に分けられ、細胞の核と融合している生命体そのものの維持に関わる細胞内液と、血液などもその一つである細胞外液との正常な比率の割合が健康を維持している。体液の構成上のバランスの維持は生命体そのものの維持でもある。その平衡が老廃物を自然に体外に排出させ、体温を一定に保たせているのである。したがって自然な水を体内に取り入れることが肝要である。

このような前提をもとに、創生水が機能水として高く評価される理由は、各試験データにあるように、活性酸素の発生を抑制することができる点である。活性酸素はすべての疾病の根源ともされ、事実、活性酸素が関わる疾病との相関は80～90％であるといわれる。

このことから、体内の酸化──還元の平衡を保つことで、疾病誘発の素地を解消することになる。人間を取り巻く環境のなかには食材、有害物質、大気汚染、ストレスなどが多いが、それらが活性酸素を体内に過剰に蓄積させることになる。活性酸素自体は適量であれば防衛機能として働くが、過剰になると、ことに不飽和脂肪酸と結合して有毒な過酸化脂質になり、動脈硬化を引き起こすのである。

体内には、もともと過剰な活性酸素を抑制する酵素（ＳＯＤ）があるが、その酵素の容量を超す活性酸素量があると疾病になる。つまり、全身の細胞を酸化（錆びる）させないことで予防できるのである。

次に創生水は、化学的にアルカリイオン水型の性質をもち、pH９～11前後を保持している。これは水道水より水の分子構造（クラスター）を小さくしているので、体内の各器官単位の細胞に吸収されやすく、いわゆる新陳代謝を活発化させる性状になっているため、腸内の異常な発酵を抑制することも顕著である。

創生水には抗菌性の特性がある

ある物質が細菌や真菌に対して抗作用をもつとき、対象の微生物がその物質に対してなんらかの感受性をもつということになる。これを抗菌スペクトルというが、ある物質のもつ抗菌活性のことである。創生水は広いスペクトルをもっている。

創生水の腸内細菌環境についてみると、腸内の各常在菌のうち、創生水飲用中には若干の変動を見せたが、クロストリジウム（レシチナーゼ陽性菌、陰性菌）では優位の減少を示した。また、連鎖球菌でも優位の減少を示した。半面、ビフィズス菌、バクテロイズなどでは増加傾向を示した。

また、小川教授は、創生水が人工透析用剤として臨床実験の段階に入っていることを指摘された。さらに、実験動物の腫瘍への作用において、創生水投与のラットは腫瘍の塊が著しく小さくなったことを確認している。

ヒドロキシルイオンの発見と第四の水の相

創生水にはヒドロキシルイオンが含有されている、という証明をしてくださったのは、フロー工業株式会社の久保哲治郎氏である。久保氏は1989年に「電気石がつくる水の界面活性」という研究論文を雑誌「個体物理」に発表した。その概要は次の通りである。

極性結晶体である電気石の永久電極と水の間の電極反応によって遊離したヒドロキシルイオン（$H_3O_2^-$）を過剰につくることを発見し、この水は乳化・洗浄・浸透などの界面活性効果を示す。

界面活性とは、ある物資が液体に溶けるとき、界面エネルギーを減少する現象をいう。界面活性を示すためには、その物質は分子内に疏水基の部分と親水基の部分が共存していることが必要である。そしてこれらはある範囲内でバランスがとれていなければならない。そしてこのような界面活性は可溶化、乳化という具体的な実験で証明される。

電気石の流動相を通過した水に含まれる遊離したヒドロキシルイオンの構成は単純で水の分子H_2OとOHマイナスの結合したものである。親水基の部分に相当するのはH－O－Hの部分であり、残りのH－Oの部分特にH－の部分が疏水基の役割をする。

現在のところヒドロキシルイオンは小さな陰イオン界面活性物質の形をつくっていると考えられる。

この研究結果をもって東京福祉大学名誉教授の小川誠一先生が、創生水におけるヒドロキシルイオンの研究を進め前述のように様々な実験によって効果を確認した。

さらに興味深い海外の水研究がある。ワシントン大学生物工学科教授のジェラルド・ポラック博士は、水に新たな性質があるという研究を発表した。

ポラック博士は世界でもトップレベルの水の科学者であり、毎年世界中から水の科学者・研究者が一堂に会する「物理学・化学・生物学における水に関する年次会議」の議長を務めている。

博士は「第四の水の相」を独自の調査で明らかにし、その水の相にはH_2Oではなく、H_3O_2が存在していることを突き止めた。

ガラスの表面には水に濡れる性質があり、これを「親水性」と呼ぶ。逆にレインコートの生地などは水をはじく性質があり、これを「疎水性」と呼ぶ。親水性の物質表面に、液体の水が接触していると、「親水性」の物質表面から、およそ0・1㎜程度の厚さで特殊な水の領域ができる。水に溶解していた様々な分子や粒子がこの領域から排除されてしまうのである。この領域を「排除層」と呼ぶ。ガラス面などの親水性物質の近傍においては、液体でありながら、結晶のような水の「相」ができる。排除層から遠く離れたところにある水は、普通の液体の水であり、それは「バルクの水」と呼ぶ。

排除層が形成される仕組みは、一つの水分子を「双極子」（一つの分子の中にプラスとマイナス極をもつ）としてとらえ、親水性の物質表面と双極子を構成する水分子が電気的に作用しあって結合していくと考えられていた。

しかし、博士は排除層の電位を測定し、正味マイナスの電位をもっていることを突き止め、このことは双極子では説明できないことを確認した。

この矛盾を解明すべく、博士は氷の結晶構造に着目。氷の結晶構造から、一部の水素イオンを取り除いてできる構造が、六角形のハチの巣状の構造をした平面が積み重なってできていることを発見した。

この六角形のハチの巣状の構造をした平面こそが排除層であり、すなわち「第四の水の相」であることを突き止めた。このことから直ちに排除層は、正味マイナスの電荷をもつことが導き出された。

この六角形のハチの巣状の構造から導き出されるもう一つの事実は、第四の水の相がもはやH_2Oではなく実際にはH_3O_2であることが導き出されたのである。

この理論を創生水に直接当てはめることはできないが、科学的考察の論拠になることは事実である。

創生水はイオン交換樹脂、黒曜石、トルマリンを通過させることによって、原水をH_3O_2マイナスの性質に転換できるのである。このH_3O_2マイナスつまり、ヒドロキシルイオンの存在が優れた界面活性効果を発揮するのである。

九州大学・白畑實隆教授の偉大な研究結果

　創生水が活性水素反応を示す裏付けをされたのが、元九州大学大学院農学研究所の白畑實隆教授である。先生は２０１６年に退官されたが、長年にわたって創生水の特質をあらゆる角度から追究してくださった。

「創生水は活性水素（水素ラジカル様物質）存在の可能性を秘めている」というのが先生の最大の研究結果である。

　創生水は酸化還元水である。酸化還元水であることが人間のすべての健康を維持し促進する、というのが私の創生水に対する基本的なスタンスである。

　白畑先生は創生水に活性水素（水素ラジカル様物質）反応が起きていることを独自の研究手法で解明された。

　白畑先生は還元水（水素水）研究の世界的権威であり、還元水の健康改善への影響などに関する研究を30年以上にわたって行っていた。スウェーデン・カロリンスカ研究所（ノーベル生理学医学賞を決定する機関として有名）で還元水関連の共同研究を行っていた、水の専門家である。

１９９８年8月、創生水を独自の手法で測定し、次のようなデータを示していただいた。

主要な測定データは下記の通りである。

溶存水素DH	0.1
ORP	+266mV
電気伝導度EC	24.8
測定温度	28.6
活性水素反応	未公表
純水	平均　0.263
創生水	平均　0.581

先生は当時の測定を次のように総括された。
「活性水素という言葉は私がつくった言葉で独り歩きしているようですが、科学者には水素ラジカル様物質といったほうが理解されやすいと思います。様々な実験を行いましたが、残念ながら、活性水素の測定について詳細はまだ公表できません。創生水は、分子状水素の含量を示すＤＨは、０・００１μg／ℓと測定限界以下であると考えられ、ほとんど含まれていないと推測されました。酸化還元電位（ＯＲＰ）は天然水でよく見られる値でした。しかし、活性水素反応は極めて強く、ノルデナウの水が０・０３１であったの対し、10倍程度の活性水素を含むものと推測されます」（白畑教授）
数多くの実験結果から溶存水素の含有量は測定不能だったが、活性水素反応は総じて高い値が測定された。

白畑教授は下図のように、吸光度測定法を使用して、多くの水との比較で活性水素反応を調べた。その結果、創生水（機能水Ｈ－１）は高い数値を示したのである。この結果は世界の水研究においても革新的なものであり、私は白畑教授の偉大な研究成果を多くのメディア、専門家に発信し続けてきた。

創生水には活性水素反応すなわち活性水素が存在することを確信したのである。ただ、白畑教授の研究は完結した訳ではない。さらなる確信を得るために、白畑教授の後継者である、九州大学大学院農学研究院生

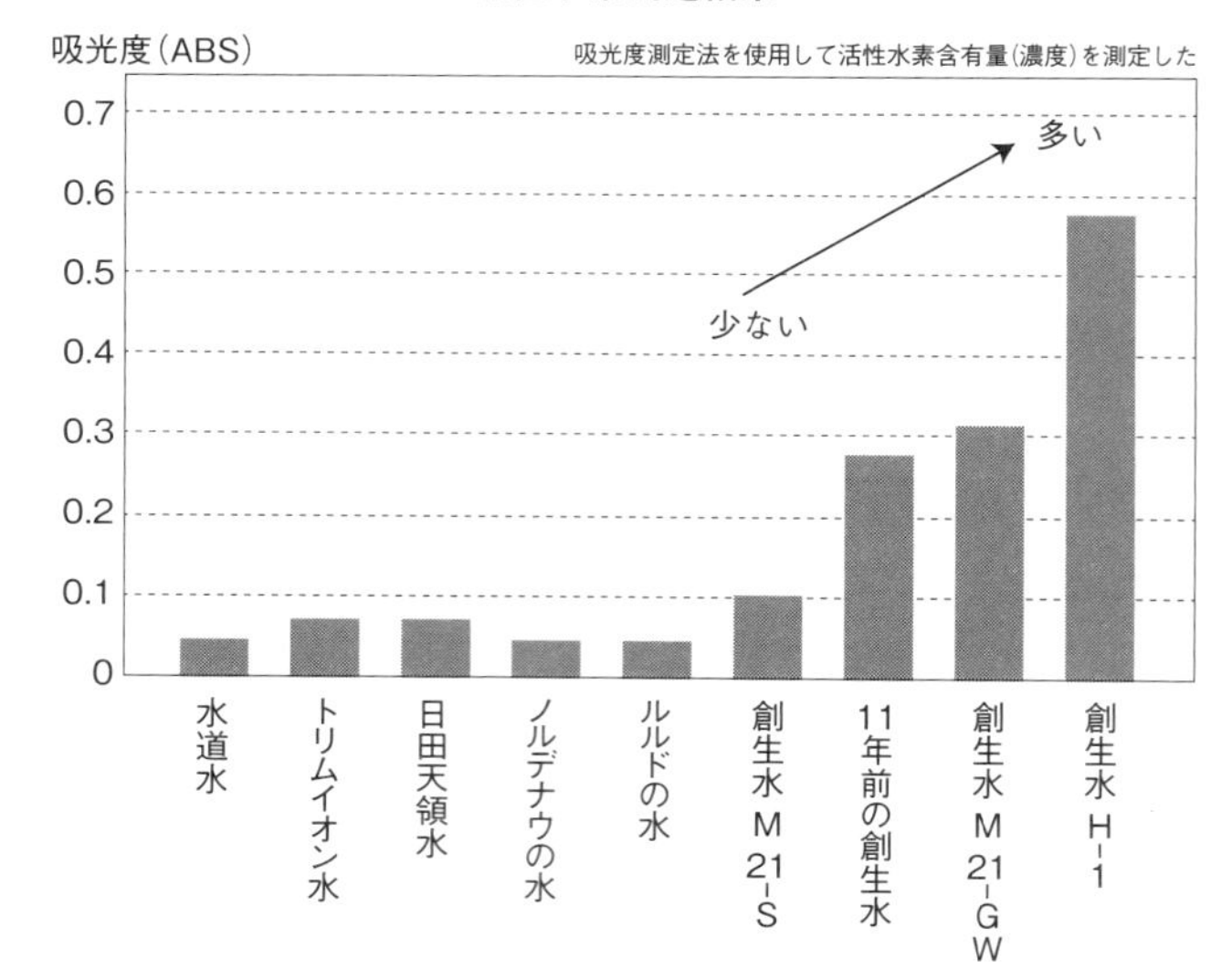

命機能科学部門の農学博士・富川武記准教授に、これまでの様々な実験結果の検証、新しいテーマによる実験などを通じて創生水の特性を徹底的に解明していただくプロジェクトを、２０１６年7月よりスタートしていただくことになった。

次に紹介するのは、富川先生の研究テーマと抱負である。

3つのユニットから構成されるプロジェクトで創生水を徹底解明

九州大学大学院農学研究院生命機能科学部門
准教授　博士（農学）富川武記

私はこれまで白畑實隆教授のもとで様々な研究をしてきました。食品、水が主なテーマでしたが、いわば「食品機能学」ともいうべき分野を専門としています。これまでにたとえば、「フコイダン」（もずくの成分）や「ケフィア」（ヨーグルトきのこ）が、病気治療に有効か、有効ならどの成分が身体のどこに作用してどのような働きをするのか、といった研究をしてきました。

白畑先生は水のスペシャリストであり、先生ととも

に創生水の研究を数多く行ってきました。アルカリイオン水や日田天領水などと比較しながら、創生水が人間の身体に与える影響などをテーマにしてきました。

白畑先生が退官され、水の研究を私が引き継ぎ、寄付講座を担当することになった時期に、深井総研の深井社長から創生水の研究を要請され、新しいプロジェクトのもとに新たな研究をスタートさせることになりました。

深井社長は「これまで白畑先生が実験されたデータなどを追実験、さらには新しい手法で創生水の特性を解明してほしい」と依頼されました。創生水については様々な大学、研究機関、専門家の方々が実験をして、多くのデータを公表されています。それらのデータが正しいか誤っているかなどの検証を行い、さらなる新しい実験を行い創生水の特性を解明することは研究者冥利に尽きると考え、2016年7月より新たな実験を開始します。

創生水プロジェクトは3つのテーマから構成され、実験・検証が進められる予定です。そのテーマは次の通りです。

①創生水の物理的な特性に対する影響（エネルギー関係も含む）
②生体に対する影響
③仮説の検証・実験

研究に不可欠な創生水生成器はすでに実験室に設置済みですが、私なりに機械に工夫

を凝らしました。（207ページ写真）

創生水生成器は、イオン交換樹脂、黒曜石、トルマリンを通過する3つのユニットから構成されています。それぞれのプロセスでそれぞれのデータがとれるように、排出箇所を設けました。1ヶ所を水が通過したらどうなるか、2ヶ所通過したらどうか、あるいは間を飛ばして2ヶ所通過させたらどうなるかを、創生水と他の水とを比較しながら、様々な実験を行っていきます。ここで何より重要になるのが、創生水と他の水、たとえば超純水とかアルカリイオン水とか水道水といった水との比較です。この比較によって創生水の本来もつ特性が解明されていきます。

実験方法は白畑先生の開発された手法をもとに、私なりに新しい手法を確立付加して、創生水の特性を明らかにし、確固たるデータを出したいと思います。

原子状水素の存在を明らかにすることができれば、白畑教授の長い間の研究が完結すると思います。そのためにも努力を惜しまず、誰もが認める研究結果を世に送り出したいと思います。

今、深井社長は創生水がエネルギーに変わる実験を数多く行っておられます。漁船のディーゼルエンジンへの適用、最近では自動車への適用実験もしています。

我々としても、エネルギーに関する研究を「物理的な特性に対する影響」で行っていきます。ここで何より重要なのは、創生水を使った場合、燃焼効率がどのように変化するかです。公的な実験も必要でしょうが、私見ですが、まず自前で狙い通りの実験を行い、世に問うていく方法が最も有効であると思います。

私たちの実験には数年の期間が必要ですが、テーマを細分化して、結果が出た都度データを公表してまいります。創生水の利点を後押しするデータだけでなく、これまで検証されたデータを否定する結果が出るかもしれません。しかしそれは、創生水がこれから未来に向かって多くの人のために役立つ、深井社長のおっしゃる真の「生命の水」になるための、一つの関門になると思います。

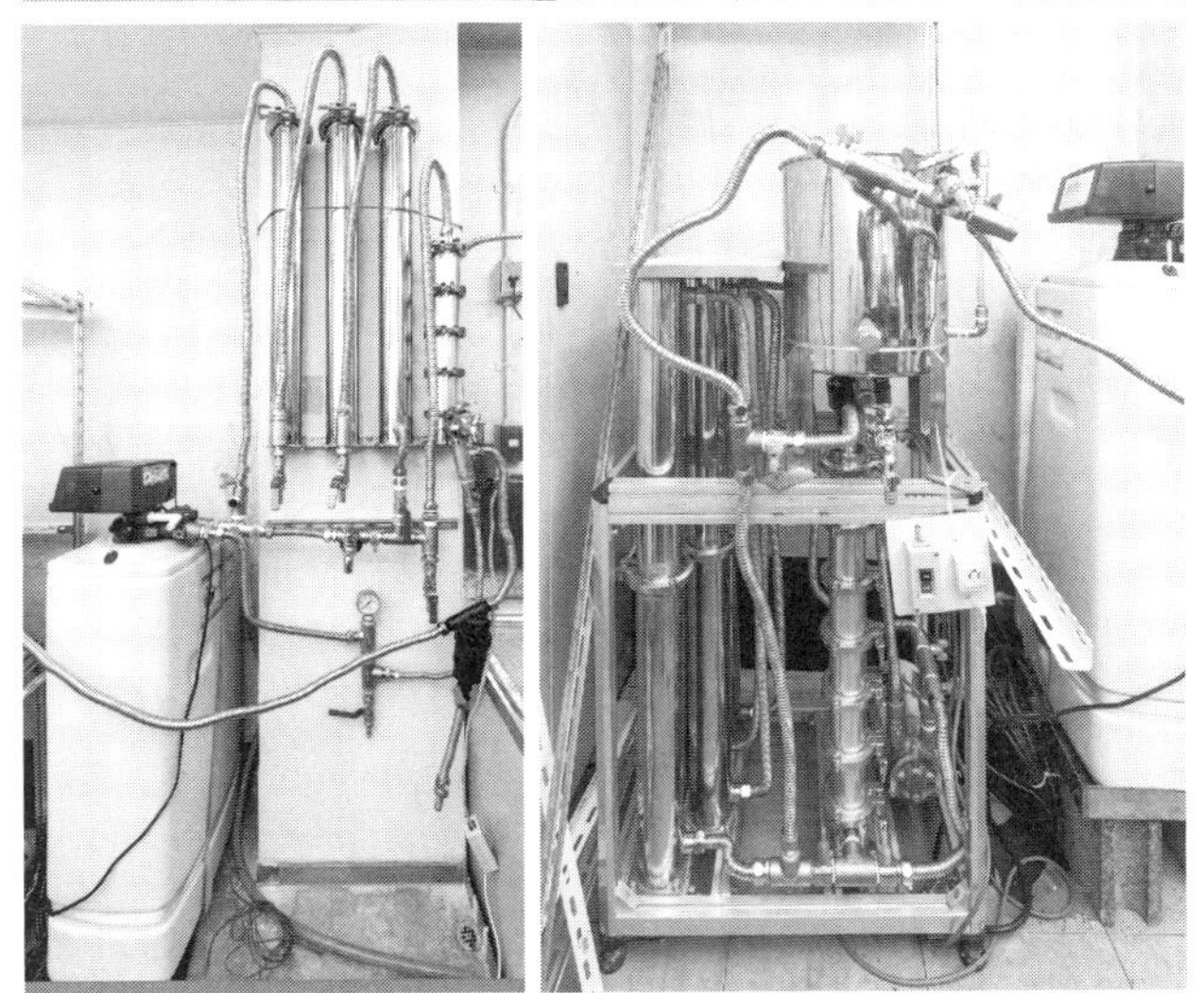

原水タンクから創生水生成器に水を送り、3つの工程を独立させ、それぞれの箇所で排出した水の特性を調査できるように工夫した

創生水によって精子数が平均2・3倍に増加

私は前著「洗剤が消える日。」で、創生水によって男性の精子数が増えることを、実験結果を踏まえて報告した。この貴重な事実をご存じない方もいるだろうと考え、ここに再度現代の奇跡ともいうべき実験結果を紹介する。

男性の精子数の減少は、水道水の中に含まれる塩素が原因ではないかと疑っていたのだが、果たしてその原因は塩素だけではなかったのだ。

精子の減少には防腐剤の「パラベン」が作用していることが、15年以上も前に東京都立衛生研究所毒性部で明らかにされたのだ。

パラベン（パラオキシ安息香酸ブチル）は食品、ドリンク剤、化粧品などに使われている防腐剤だ。生後3週間経ったラット三群に対して、各0・01%、0・1%、1%の割合のパラベンを餌に混ぜて8週間与え、精巣の重量や精巣中の精子数などを調べた。その結果、パラベンを全く与えない群に比べ、与えられた三群とも精巣中の精子数が約2〜4割少なくなった。精巣の重量には差が出なかったということだ。一番少ない、0・1%のパラベンの量は、安全の目安とされる1日許容摂取量（ADI＝

創生水摂取の成人男性4名（A,B,C,D）の精子数の変動（×10^6）

年月日	A	B	C	D	
'98 8/12 対照	36	58	98	95	
8/19 対照	35	60	106	102	
9/02 1W	67	126	111	147	
9/09 2W	57	118	130	148	1&2W平均1.6倍
9/16 4W	72	153	148	196	
9/24 5W	89	164	184	242	4&5W平均2.1倍
11/05 11W	100	141	143	250	
11/12 12W	125	173	145	287	11&12W平均2.5倍
12/12 対照	78	122	126	148	
12/18 対照	69	114	91	136	摂取中止後4&5W平均1.7倍

注：1Wは飲用開始1週間目を表わす。対照は飲用していない状態を表わす。

体重1kgあたり10㎎）に相当する。安全の指標となる量でも影響が出たことは大きな問題となった。

創生水によって精子が増大する、この驚くべき事実を発見してくださったのが、元日本獣医畜産大学（現・日本獣医生命科学大学）教授の寺田厚先生である。先生には前著「洗剤が消える日。」の監修をお願いした。

当時、寺田先生のところで学ばれていた学生さん4名に協力いただいて、毎日1000ccの創生水を12週間飲み続けてもらったところ、精子数が1・4～2・5倍に増大したのである。

寺田先生は当時「多少の改善は確信して

いたのですが、結果は平均で倍以上でした。一般的にはにわかに信じられない数字です」とコメントされている。

しかし、実験の結果は別表の通り４人の学生すべてで精子数が増加しているのである。

少子化が叫ばれているなかで、この事実は一条の灯りをともすことになるのではないかと考え、あえて再度取り上げることにした。

人の健康を守り生活を洗い、地球環境を守る創生水

創生水の成分や効果を科学的に解明していくことは、それなりに価値のある有効な手段である。しかし、科学的な証明や実験に終始していると、その結果（データ）や数値にとらわれ過ぎて、本来の目的を見失うことにもなりかねない。

何より大切なことは、創生水を生活の中心に据えてくださっている方の声、体験である。

創生水を生活に取り入れることで、暮らしの中心といえる台所、洗濯、風呂場など

から洗剤類が消え、家庭排水からは有害化学物質は一切流れなくなる。つまり「汚染排水ゼロ」の地球を汚さない生活を送ることができるのだ。「きれいな生活」とは、人間も地球も汚さないことだと思う。繰り返して強調するが、創生水は地球への汚染を少なくするのではなく、地球をきれいにする生活を送るための命の水である。

この創生水を使っている企業や一般家庭の方たちの導入効果や使用体験を紹介していく。様々な高い評価が得られているが、創生水は薬ではないことを念のために記しておく。

私と創生水　PART1

邉 龍雄さん
株式会社中原商店　代表取締役

1955年4月創業。屋号は「ぴょんぴょん舎」。岩手県盛岡市を中心にレストラン経営、テイクアウト、冷麺製造販売、総菜販売を行う。焼肉・盛岡冷麺・韓国料理を中心に健康・美・環境をテーマに前沢牛など岩手県産銘柄の焼肉、有機野菜や契約栽培米を使用。

盛岡市にある稲荷町本店をはじめ盛岡駅前店、2008年にオープンした東京・銀座の「ぴょんぴょん舎　GINZA UNA」など10店舗に創生水生成器を導入。調理用の水として使用する他、食器洗い用など水に関わるすべてに創生水が使用され、洗剤は一切使用しない環境に優しい店づくりを追求する。企業理念・行動指針の基本に「レストランの本質であるレスタ・ウラーレ（＝人間性の回復の場を提供する）を実現する」という考え方を据えている。

環境を守ることで生きる権利を神（自然）から与えられる

●創生水との出会い

創生水との出会いは20年ほど前にさかのぼります。

知人を介して盛岡の酪農家を紹介されました。その牧場では牛に抗生物質を与えず、創生水を飲ませて飼育を続けていたところ、牛の腸内の善玉菌が増えたことがわかりました。つまり、創生水によって腸内環境が良化したのです。

もともと私は有機栽培や無農薬野菜などに関心があり、料理の要だった牛肉もより安全で美味しいものを追求していました。その思いがかなって、一時は盛岡や北海道の酪農家と契約して牛肉を仕入れていました。

ところが、酪農家の経営事情から創生水での飼育が困難になり、創生水で育った牛の購入が途中で挫折してしまいました。大変残念だったのですが、酪農家にも台所事情があり、信念や理念を押し通そうとしてもかなわない場合があるのです。

その当時大学の研究室の先生から、創生水は「界面活性効果があるから洗剤を使わないで済む水」「自然水に近く環境に優しい水」であることを教えてもらいました。これには正直驚きを隠せませんでした。

●妻が本物の水と信じた日

「ぴょんぴょん舎」をオープンする前の時代は、鉄、スクラップの加工処理業を営んでおり、その当時から「環境」を心の中心に据えて、あれこれ試行錯誤を繰り返していました。

「これだ！　環境問題を解決する糸口は我々人間の生命のもとになる水を良くしなければならない」と創生水を生活の中に取り入れようと決心しました。

レストランに取り入れる前に、自分で体感することが何より大切と考え、自宅に創生水生成器を取り付けました。創生ワールドとの契約では「洗剤を一切使用しないこと」という約束事がありますが、導入当初、妻は全くこの水を信じることができずに、洗濯などに洗剤を使っていました。実はその都度私は家内から洗剤を没収（？）していたのです（笑）。

息子がアトピーを発症したのも、創生水生成器を据え付けてから間もなくの頃でした。創生水はアトピーにも効果がある、と聞いていましたし私はとにかく信じました。飲み水はもちろんのこと、お風呂、洗濯も創生水。洗剤は一切使用しない生活を心がけ、実践しました。

8ヶ月かかりましたが、その甲斐あって息子のアトピーが治ったのです。患部を引っ掻いて赤くはれ上がることがなくなったのです。洗剤には界面活性剤が使われており、何回すすぎをしても洗剤は残る。下着などに付着した界面活性剤が皮膚に悪影響を及ぼしていたのです。

息子のアトピーが治ったことでようやく妻は創生水を信じてくれるようになりました。これは本物だ、と。

そのときだったか、私は創生ワールドの深井社長にこう電話しました。「アトピーを増やしたのは環境が悪化したからです。悪化させたのは我々だ。だったらこんな素晴らしい創生水生成器を誰もが買えるようにもっと安くして」と怒鳴ったことを記憶しています。

●幸せを運ぶ水

以来私は、隣近所はもとより、遠方からやってくる人たちにも分け隔てなく創生水を差し上げ続けました。

家族のことで、もう一つ付け加えさせてもらいたいのは、母の血糖値が下がったことです。母は糖尿病でインスリンを長い間投与していました。創生水を飲み続けていたあるとき、往診に来てくださる看護師さんが、血糖値の計測器が壊れました、こんなはずはない、この数値は機械の故障です、と言うのです。しかし、

ぴょんぴょん舎GINZA UNA（東京・銀座）の店内。店舗はビルの最上階にあり、窓辺にはカップルの席が設けられ、美しい夕景や夜景を眺めながら極上の料理を味わえる

あとから機械の故障ではなく母の血糖値が驚くほど低下していたことがわかったのです。

家族だけでは信用できない、という人のために私の周りの人たちの証言を紹介しましょう。

私の店で働いていた女性のソムリエは、2人目の子どもができずに不妊治療をしていましたが、婦人科の先生はもうあきらめて、とさじを投げていました。ところがどうでしょう、うちに働きに来てからずっと創生水を飲み続け、めでたく2人目を授かりました。「もうすっかりあ

調理場横に創生水生成器が2台設置され、水道水はいったん受水槽に溜められ創生水に生まれ変わる

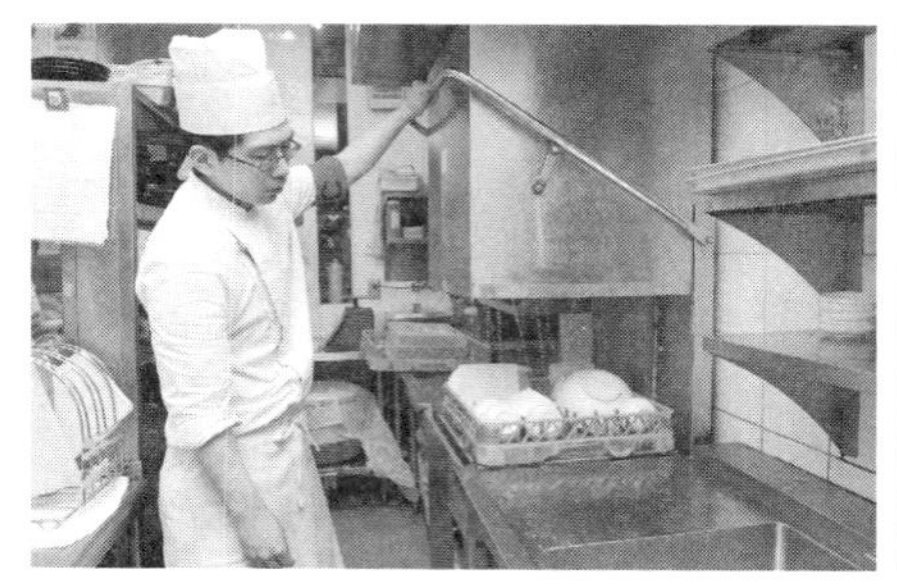

調理場は広々として作業性に優れている。皿洗いには一切洗剤を使用しない。創生水だけで焼肉の皿などの油分がきれいに洗い流せる。スタッフの手の荒れなどの心配はなくなった

きらめていましたが、創生水のおかげです。感謝しきれません」と感激していました。まさに創生水は幸せを運ぶ水です。

こうした例を挙げると枚挙にいとまがありませんが、これらの経験を踏まえて創生水をレストランに導入する決意を固めました。自宅での実体験をもとにして、これは絶対に環境に良い影響をもたらすと確信したのです。

●全店に創生水生成器を導入。環境への思いやりを実践

1987年(昭和62年)に盛岡駅前の一等地に5階建ての「ジャーランビル」を建設しました。ジャーランとは韓国語のあやし言葉で「ねんねんころり」という意味で、母親が赤ちゃんを寝かしつけるときに歌います。私は母親の母性本能が地球を救う、健やかに育つための優しい心根だと思っています。私の母もこの歌を歌って私を育ててくれていたと思い返し、ビルの名を「ジャーラン」と名付けたのです。

こうした気持ちと環境、生命のもとにあるのは水だと考えたとき、このビルには絶対に創生水が必要と考えて、地階に創生水生成器を入れるスペースを確保したのです。

ところが、5階建てのビルの水を賄う創生水生成器は、創生ワールドが初めて経験する大きな規模のものになってしまった。したがってコストも膨らみました。土地代建築費を含めて総額は約7億円になっていた。その特注の創生水生成器の費用は数千万にな

るといわれて、一度はあきらめようと思ったのですが、環境への思いは捨てきれない。なんとか銀行に頼み込んでローンを組み導入することができました。

そこに私の描くビル全体に創生水が行きわたる、洗剤を一切使わない自社ビルが完成したのです。調理からお皿洗い、掃除まですべて水を使うところは創生水が行きわたった。つまりビル全体が〝環境提案〟をするようになったのです。

おかげさまで、今やぴょんぴょん舎も岩手を中心に10店舗以上を展開する規模になりました。すべてのお店に創生水生成器を導入し、お客様の信頼をいただいています。

私たちの経営理念に「法令を順守し環境に配慮する」という一項があります。この理念こそ今社会で求められている最も大切な考え方であると思います。

昔は「口先だけじゃないか」と揶揄されたこともあります。しかし、創生水生成器を導入して20年ほど経った今、口先ではない説得力のあるコミュニケーションがとれるようになったと思います。

私は「環境を守ることで生きる権利を自然から与えられている」といつも思っています。この考え方と創生水の開発思想と根っこが一緒だと思っています。

そして今、創生水が新たなステージに向かって歩み始めたと聞きます。創生水に含まれる原子状水素が「エネルギー」に変わるということです。これが実現すれば二酸化炭素の削減にもつながる。大いに期待しています。

私と創生水　PART2

オスマン・サンコンさん
タレント・著作家

1949年西アフリカ・ギニア出身。1969年コナグリ大学卒業後、ソルボンヌ大学に国費留学し、1972年ギニア外務省に入省、同年大使館開設のための駐日親善大使として、来日し8年間勤務。日本とアフリカの絆を深める活動に邁進。フランス語、スース一語、日本語、英語、スペイン語、イタリア語の6ヶ国語に堪能。「笑っていいとも!」で人気を博しタレント活動へ。介護ヘルパー2級の国家資格をもち福祉活動に意欲的。「サンコンのとっておきアフリカ昔話」(金の星社)など著書多数。日本ペンクラブの会員でもある。

●創生水は人類を救う水

今、私は創生水しか飲みません。

5年ほど前ですか、私の兄貴分である千葉真一さんに勧められて、長野県上田市にある創生水の本社を訪ねました。深井社長から創生水の生い立ち、特徴などをじっくりうかがい、温泉にも入れてもらった。身体が芯からポカポカしてきたことを思い出します。

創生水は飲んでよし、お風呂にしてもよし、洗剤の代わりにしてよし、といいことずくめです。

この水を毎日欠かさず、私をはじめ息子のヨンコン、親戚にも配って5年間ずっと飲んでいます。他の水は飲んだことがありません。以前、我が家の前に創生水の空になった一升瓶がずらっと並んでいたことがあり、「サンコンさんはすごい酒豪なんですね」とご近所の人に間違われたことがある（笑）。それほど創生水を愛飲しています。

この創生水を私のふるさとギニアにもっていきたい、というのが今の私の最大の望みです。深井さんは私の願いをかなえてくれるというのです。近々、創生水生成器を2台ギニアに入れることを約束してくださった。

ギニアはもちろん、西アフリカあるいはアフリカ全体にいえることですが、水事情が最悪です。極論すれば濁った川のドロドロした水を飲んでいるのが現状です。日本では全く想像もできないほど、アフリカの水事情は悪化している。井戸水に頼っているのですが、井戸の水も汚れています。

この危機を私は創生水が救ってくれるのではないかと信じて疑いません。

深井さんは創生水で地球の環境を良化しようと一生懸命頑張っている。お金儲けのためだったら、こんな懐の深い活動はできないと思います。

私は最近ノーベル賞をとられた、大村智教授と親しくさせてもらっています。教授は「イベルメクチン」という薬を開発されて、アフリカや南米など熱帯地方の風土病「河川盲目症」の人たち2億人に投与し、失明を防いできました。大村教授はお金のためではなく、人類の病と真正面から取り組み、一生懸命に研究し人類を救うことを願ってきました。

私は深井さんも大村教授と同じことを考えているのではないかと思います。地球環境を良化しようと努力をしていることは人類を救うことにつながります。創生水でノーベル賞がとれたらいいのに、と本気で思っています。

つい最近までアフリカの人たちの平均寿命は55歳でした。平均寿命が短いのはもしかしたら、「水」にその原因があるのではないか。私は現在66歳ですが、創生水をずっと飲み続けて、そう100歳まで生きるかな!

創生水がギニアで真価を発揮して、さらに西アフリカ、アフリカ全土に行きわたり、人間の寿命を延ばすことにつながったらどんなに素晴らしいことか。アフリカの人たちだって日本人のように長寿命で人生を楽しみたいのです。私は今、私にできうる限りの努力を惜しまないつもりです。皆さんもぜひ協力してください。

私と創生水　PART3

千葉真一さん

俳優　ディレクター　プロデューサー

1939年福岡県出身。大学を中退して1959年東映へ入社。アクションスターとして数多くの映画、テレビドラマに出演。テレビの「キイハンター」で人気絶頂に。1979年「柳生一族の陰謀」で第2回日本アカデミー賞優秀助演男優賞を獲得。影の軍団シリーズの服部半蔵は十八番。2013年日本体育大学体育学部体育科卒業を認められる。大山倍達、高倉健、深作欣二を尊敬。ジャパンアクションクラブの創始者であり日本を代表する映画スターとして海外ではSonnyChiba（サニーちば）の名で知られている。

●創生水は健康を維持し高齢者を救う水

創生水と出会って15・6年経つかなー。出会いは雑誌か何かの媒体で知りました。さっそく上田から創生水を取り寄せた。その水をつくっているのが深井利春さんという人で、一度会いたいと思っていたところ、東京駅でばったりお会いした。スタッフの人のジャンパーの背中に「創生水」とプリントされていて、「おっ創生水だ」と思わずスタッフの人に駆け寄ったら、「社長はあそこにおられます」と言われ、駆け寄って挨拶を交わした。すごい縁を感じましたね。それ以来今日までずっとお付き合いをさせてもらっています。深井さんのすごいところは、自分の開発した水に自信をもち、愛情を注ぎ、磨きをかけている。信念というか執念すら感じます。

私の信念は「武士道」です。武士道とは人間の道徳の根源ではないでしょうか。日本人しかもっていない独特の文化であり精神構造だと思います。映画俳優からスタートして、アクションスターといわれ、それを長い間維持してきましたが、その原動力は武士道ではないかと思っています。

アクションスターとして長い間やってきましたが、精神を支えるのは強い肉体です。常に健康のことを考えなければならない。そういう時期に創生水と巡り合って、ずっと飲用しています。東京の自宅には創生水生成器を設置して、飲用はもちろん洗濯や食器洗い、お風呂とすべてに創生水を使っています。

人間の身体は60％が水です。その水をいい加減にしてはいけない、といつも思っています。今、水素水が流行っていますが、「？」と思うものもある。創生水は開発された当初から、水素の存在を証明してきた。創生水に含まれる原子状水素が身体の細胞を活性化させてくれています。

上田本社を訪れたとき、創生水の温泉に浸かりました。それ以来ずっと創生水のお風呂を高齢者のために役立てることはできないか、と思案してきました。競走馬のケアのためにお湯に浸かる施設がありますよね。あの設備を高齢者の施設に導入できないか。

車椅子に座って、創生水の中を自動で通過する。座っていただけで全身がきれいになる。介護の方の手間も省けるのではないでしょうか。創生水はこれからの高齢化社会に不可欠の水です。

深井さんと同じように私は「夢」をもち続けています。今、4つの構想があり実現に向けて駆けまわっています。テーマは「武士道」「五輪書」「戦争と犯罪」「チンギスハンの父」です。役者として監督としてプロデューサーとして日本の映画史に残る、日本人の心にずっと焼きつく映画を撮りたいと思っています。

私と創生水　PART4

田中美帆さん
オンラインショップ「ハッピーナチュラル」代表
1975年生まれ。2男2女の母親。肉やジャンクフードが好きで、長い間体調不良に悩む。27歳のときにマクロビアンの橋本宙八先生の半断食セミナーに参加し体調が改善。玄米と野菜中心の食事に変えてすべての体調不良が解消される。その後はマクロビオティックを軸にした生活を送る。ナチュラル生活や料理を紹介したブログが人気となり、全国にファンが広がる。これをきっかけに、オンラインショップ「ハッピーナチュラル」がスタート。現在はショップを運営しながら、子育てに奮闘中。

●次男のアトピー性皮膚炎が劇的に改善

それは辛い日々でした。4人目の子どもが生まれて3ヶ月ほどした頃でしょうか。3人目の子どもには全くなかった発疹が突然現れ始めました。ただただびっくりするだけでした。私はもともと自然食で生活していましたから、母乳が影響しているとも思わず、お医者さんをいくつかまわりましたが、診断はアトピー性皮膚炎でステロイドを使う他選択肢はない、と言われました。しかし、私としてはそんなに強い薬を使いたくない、なんとか他の方法はないかと、あれこれ思案していました。

自然食をしているのになぜだろう?と考えた先には「油」の摂取がありました。そうか、食品に含まれている油が原因かと思いつき、油を使っている食品（お菓子も）の摂取を一切やめました。油の摂取をやめて母乳を与えると、多少発疹が落ち着いたように見えましたが、痒みは収まることはありませんでした。子どもを一晩中介抱しなければなりませんから、発症後数ヶ月は十分な睡眠をとることもできませんでした。身も心もくたくたの状態になりました。やせ細って何もやる気が起こらなくなりました。

そんなときに私の父が創生水をもってきてくれました。父は「水を変えれば発疹にもいい影響が出るんじゃないか」と毎日、父の会社に設置された創生水生成器から水を運んでくれました。ベビーバスに創生水を入れ、1日3回ほど入浴させました。水道水を頭からかけると泣き叫んだのですが、創生水をかけると喜ぶんです。不思議でしたね。もちろん飲料としても飲ませましたし、私もすべての水を創生水に変えました。父の労を考えて我が家にも生成器を設置し、すべての水を創生水に変えました。

次男のアトピー性皮膚炎は創生水を使って約半年後、完全に治ったのです。

創生水は治療薬ではありません。したがって創生水ですべてのアトピーが治るとは申し上げられません。けれど私の次男のアトピーはこの水によって完治しました。これはまぎれもない事実です。

今、次男は5歳になりますが、アトピー性皮膚炎もすっかり癒えて元気で毎日幼稚園に通っています。生後間もなくアトピーで苦しんだのがウソのようです。創生水は我が家の暮らしの根底を支えてくれています。

創生水には心から感謝したいと思います。ありがとう！

しんちゃんと創生水

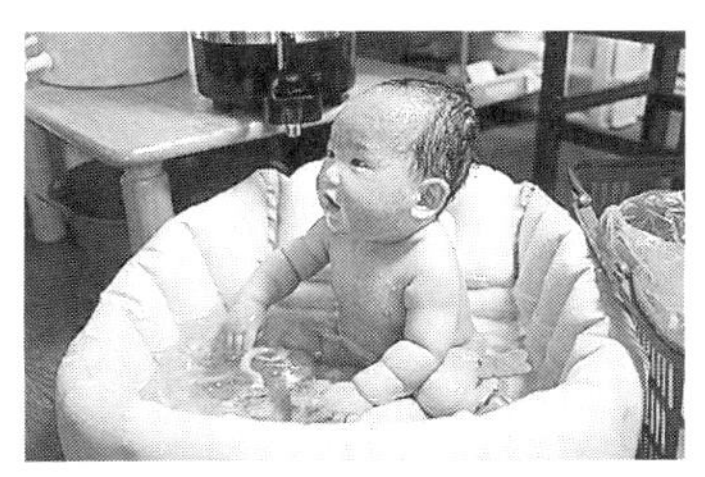

1日に３～４回、創生水のお風呂に入れ、飲ませました

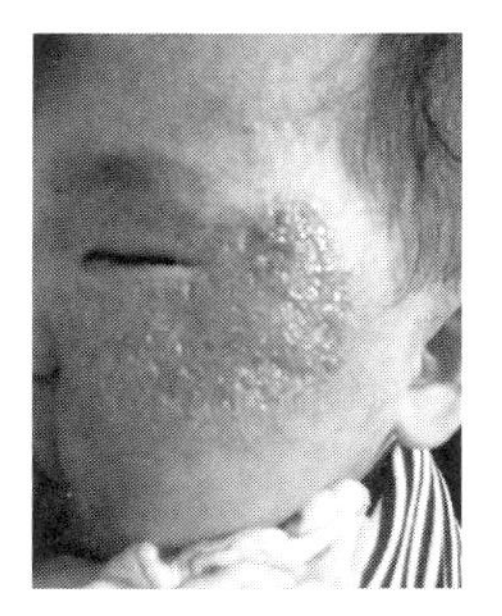

創生水を始めて1年後、こんなに元気になりました

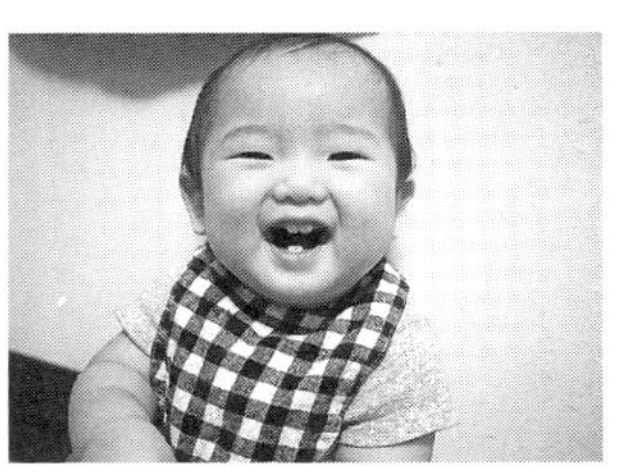

すっかりアトピーが癒えたしんちゃん。創生水を始めて1ヶ月後

私たちはこうして創生水を暮らしや仕事のなかに取り入れている

●お客様の声（アンケート）

分野別にアンケート項目を変えて、創生水生成器を導入・ご活用されているお客様の意見をうかがいました。（原文のまま）

1　美容関係

創生水お伺い項目

①創生水を理美容のどの部分にご使用ですか
②創生水を使用されての実感（評価）
③お客さまの反応
④創生水導入の効果を証明できるデータがあればお教えください
⑤使用場面の写真をお借りできればご同封ください

⑥創生水生成器導入価格について（費用対効果についてご意見をお聞かせください）
⑦メンテナンス費用について、適切だと思われますか
⑧創生水生成器導入にあたっての契約（洗剤の使用を禁止）についてのご感想
⑨今後もご使用を継続されますか？

その他、ご意見、ご不満などがあればなんなりとご記入ください

土井康子様　有限会社美容室はまゆう　宮崎県宮崎市

２００６年６月カナダ旅行から帰りました。７日間のカナダ滞在中に飲んだ水、バンクーバー、ソルトレイク、バンフどの場所でも蛇口から出る水が美味しかった。帰宅して宮崎市木花町の恒見様宅での玄米飯講習会に参加（埼玉県から移住されたお宅）。蒸し暑い６月末でした。玄関に入るなり初めてのお宅でしたがお水を１杯くださいと所望し、茶色の一升瓶からその水は注がれ、コップ２杯分を一気に飲み干しました。幼い頃に飲んだ水？　喉越しの良さとお腹の底に沁み渡った感じを今も記憶しています。恒見様に「この水カナダで飲んできた水と同じで美味しいです」と申し

上げましたら、「わかりますか」というご返事。私は糖尿病の友人が創生水で炊く玄米ご飯を召し上がっている、と聞き長岡式ならと講習会に参加しました。

私が直感しましたのは、創生水を弱酸性美容法「ベルジュバンス」に使いたい一心になりました。デリケートな薬液pH4・0～pH3・5の弱酸性溶液にして使用の高濃度の塩素に、pH3・0の調整剤が少しでも軽減できないものか？　喉越しの良い水は人の皮膚・毛髪にもきっと優しいはずと確信を得ました。創生水生成器を2006年7月には設置しました。

① 美容全般　シャンプーから入り薬液の希釈、還元器機を通してトリートメント・トリートメントトウエーブ（一般にいうパーマネントトウエーブ）、ヘアーカラー後のシャンプー・タオル洗濯・掛布ドレスの洗濯・用具類の洗浄・洗い場の洗浄・トイレ・洗面台の洗浄及び清掃全般など水の使用部分すべてに活用。美容室でのシャンプー使用が8～10倍薄めての活用を実施している。美容室内が清潔で臭いがない。

② 洗剤の使用が全くなく、もちろん柔軟剤等も使用せず、肌触りの良さが当たり前に。健康面でも皮膚のトラブルがなくなった。飲料水においても、家族が大病することもなく健康に生活ができていることに感謝。

③ もちろん店内の空気の良さと清潔感の心地よさ、水・お茶の美味しさ、皮膚やお肌

に刺激を与えず、毛髪の仕上がりに艶としなやかさが生まれた。弱酸性美容法の真価を100%発揮してくれていることなど。

④ データはとっておりません。使用感と実感で満足しています。

⑤ 特になし。

⑥ 設置当初は、非常に高い設備投資だと悩みましたが、10年を過ぎ自身の健康、お客さまの健康、家族の健康と快適な生活に欠かせない生命の水に出会え、夫の友人から「土井さん宅は良い水を飲んでいるから元気なんだ」と言われやっと夫も納得。メンテナンスの見学や簡単な教えを受けているこの頃です。

⑦ 適切ではないでしょうか。

⑧ 当初は戸惑いがありましたが、むしろ良かったと感謝しています。

⑨ 継続して使用したいと願っておりますが、維持管理費が高騰するようであれば、年金暮らしになると負担が増えることを心配しています。

◆近藤真治様　美容室Ｌｕｍｉｅｒｅ　愛知県豊田市

① 店内すべてに使用。（トイレ・洗髪台・流し台などすべて）

②手荒れなし。施術仕上がりも良い。店内の空気がきれいに。臭いがない。
③良好。希望あれば募金にて持ち帰る。
④データなし。
⑤写真なし。
⑥二百数十万円と高額であったため、購入に難色があったが、思いきって購入。数十万円であったらもっと利用者が増えるのではないかと思います。
⑦5000円程度が理想。
⑧少し厳しいかと。
⑨継続希望。

2 農業関係

創生水お伺い項目

①創生水との出会い（どこでどのようにして創生水をお知りになりましたか）
②創生水を農業のどの部分にご使用ですか
③創生水を使用されての実感（評価）

④創生水導入の効果（土壌改良、農薬不使用、水耕栽培など場面別効果）
⑤創生水導入の効果を証明できるデータがあればお教えください
⑥使用場面の写真をお借りできればご同封ください
⑦創生水生成器導入価格について（費用対効果についてご意見をお聞かせください）
⑧メンテナンス費用について、適切だと思われますか
⑨創生水生成器導入にあたっての契約（洗剤の使用を禁止）についてのご感想
⑩今後もご使用を継続されますか？

その他、ご意見、ご不満などがあればなんなりとご記入ください

◆榊原ちとせ様　愛知県安城市

①　2、3年くらい前に父が新聞広告か何かの媒体で見つけて「これはすごい水だ」と思いすぐに自宅に取り付けてもらいました。その後しばらくは自宅から温室のほうに車にタンクを載せ毎日1・5トンくらいの水を運んでいました。その後温室にも創生水生成器を取り付けました。

② 水耕栽培をしていますので、写真のように散布したり、肥料を溶かす水で使用したりしています。すべてに使いますので、うちのトマトは創生水でできています。

③ はじめから創生水を使用しているので比較することはできないのですが、まずトマトのそばにいて気持ちが良く、収穫後のトマトの日持ちが良いです。そしてトマトの実も食味が良くて甘いです。重度の病気・障害がある方から「このトマトでないと食べられない」と感想をいただきました。

④ 無農薬まではなっていません。1年中トマトを栽培し続けるやり方はとても難しくてやっている人はあまりいないです。天候、人的ミスなどによってトマトを弱らせてしまうときがあるのですが、ゼロ（トマトの木をすべてなくす）になることはなくて、つくり続けることができるのは、創生水が関係していると思います。

⑦ 良いものをつくるにはなんでもお金がかかります。うちのトマトも同じです。

⑧ うちは創生水使用が多いので安心しています。

⑨ みんな洗剤の良い悪いはわかっていて、考えないように生きているんじゃないかなあ。

⑩ もちろん継続します。

3　飲食・食品関係

創生水お伺い項目

①創生水との出会い（どこでどのようにして創生水をお知りになりましたか）
②創生水を食品・飲食店のどの部分にご使用ですか
③創生水を使用されての実感（評価）
④お客さまの反応
⑤創生水導入の効果を証明できるデータがあればお教えください
⑥使用場面の写真をお借りできればご同封ください
⑦創生水生成器導入価格について（費用対効果についてご意見をお聞かせください）
⑧メンテナンス費用について、適切だと思われますか
⑨創生水生成器導入にあたっての契約（洗剤の使用を禁止）についてのご感想
⑩今後もご使用を継続されますか？

その他、ご意見、ご不満などがあればなんなりとご記入ください

◆カルメル修道院様　大分県由布市

①　上田市在住の知人が紹介してくれました。
②　商品のジャムをつくるときに少し創生水を加えます。
③　水がこんなに美味しく、石鹸を使わない生活がこんなにクリーン、快適であるかと驚いています。
④　不明。
⑤　私たちは主食のお米を酵素玄米というつくり方で食べています。玄米に小豆・塩を少々加えて、圧力釜で炊き3、4日置いて発酵させていただくのですが、普通の水で炊きますと発酵するまで3、4日かかるところ、創生水で炊きますと、炊きあがった時点で発酵状態になっています。
⑦　水は生命にとって基本的に最も重要なものですので、これだけの水をいただけるのですから、適正価格かと思います。
⑧　高いとは思いますが、不具合が生じたとき。無料ですので一応適切かと思います。
⑨　大変良いと思います。この点が普通の企業とは違う創生ワールドらしい点であると思います。
⑩　継続します。

※全体に大変お金のかかる設備ですので、他人様にはお勧めできません。そして塩を適宜投入するのも面倒であり、費用もかかりますので、この点についても改善していただけたらと思います。

◆カントリーグレイン様　広島県東広島市

「創生水と天然酵母パン」

広島で天然酵母パンをつくり続けて28年、その歩みを振り返ってみます。

天然酵母は目に見えない生命体です。水を加え目覚めさせて活性化するという工程のなかでその水の質が気になります。塩素消毒された水道水、微量ながら塩素に触れる天然性の酵母は、生命力を存分に発揮できないと思え、水道水の蛇口に浄水器を取り付けておりました。

天然酵母パンは広島ではいまだないパンの製法で、比較するものもなく、感覚ではこんなところかな?と思いながらさらに美味しく食べやすいものを追求しておりました。パンの材料は厳選し納得できるものでしたが、水が気になることが私の中で大きくなり始めていました。パンの水分量は、国産小麦の吸水率として少ないながら55%を占めていますので、どんなに他の材料を吟味しても、水に大きく左右されてしまいます。

そんな時期に水を探し始めました。名水といわれる地に行き採水して焼いてみる。実験をしながら水の質がパンの味やしっとり感に微妙に変化を与えていることも確認できました。

あるとき、常連のお客様から「福富町の水は保証付きですよ」との話を聞き、その地に行って地元の風景にも接してみて手ごたえを感じておりました。空き家情報も届き、そこの水を保健所に調べてもらいましたが、予想以上の水質でした。さらには地下水で塩素消毒していない生活拠点であることもわかり「ここでパンを焼こう」と決心して地主さんと交渉が始まりました。美味しくて身体が喜んでくれるパンづくりの第一歩が始まりました。

パンのために私たち夫婦は、広島市内から水の郷・福富町に移転しました。

天然酵母は繊細です。この地、この家になれるのにも時間が必要でした。安心・安全という面は合格ですが、味や食感、香り、喉越しはなんとも……。第二弾のクリアー課題がそこでも発生して悪戦苦闘でした。

そのときまた知人から炭の水・敷炭（しきたん）の情報が舞い込み、研究し始めました。良い手応えでした。パン工房と建屋の床下には敷炭と炭埋をし、8トンの炭の力でさわやかな空気と湿気の除去は確実に起こりました。タンクの中に炭を入れ、浄化した水でパンづくりです。少しソフト感が出てきて嬉しくなった記憶があります。ただ、繁忙時になると水を入れたり出したり、炭を出したり洗ったり、タンクを掃除するのも大変になってきました。

そうした時期に創生水を紹介してくださった方がおります。試しにその水でパンを焼いてみると目指すパンにさらに近付いた気がしてきました。結論から申しますと、一番ありがたい水との縁がつながったのが創生水でした。

パンだけでなく隣接するレストラン、住居もお風呂もふんだんにこの水を使える環境が整いました。

さて、パンの完成度はいまだに納得という状態ではありません。可能性を描ける水であることに期待しさらに研究を続けておりました。

あるとき、ケーキづくりには必ず粉を「振う」（ふるう）作業があり、スポンジができあがることに気づきました。パンは粉の量が多いから、たしかにその作業は困難かと思われましたが、挑戦してみました。振う玉のような粉も空気に触れると微細になります。そして思いがけなく、それは期待を大きく上回っていました。「これだ！」と胸が震えました。

気づけば創生水の小さなクラスターと微細で空気を含んだ粉の相互の働きがマッチングして、しっとり感、ソフト感が向上したのです。天然酵母パンの硬いイメージは消えました。深い渋味としっとりとした口当たりは目指していたところまで到達できた感じになれました。

現在私は引退しましたが、長男が継いで6、7年スタッフとともに日々精進してくれています。

4　医療関係

創生水お伺い項目

①創生水との出会い（どこでどのようにして創生水をお知りになりましたか）
②創生水を医療のどの部分にご使用ですか
③創生水を使用されての実感（評価）
④患者さまの反応
⑤創生水導入の効果を証明できるデータがあればお教えください
⑥使用場面の写真をお借りできればご同封ください
⑦創生水生成器導入価格について（費用対効果についてご意見をお聞かせください）
⑧メンテナンス費用について、適切だと思われますか

⑨創生水生成器導入にあたっての契約（洗剤の使用を禁止）についてのご感想
⑩今後もご使用を継続されますか？

その他、ご意見、ご不満などがあればなんなりとご記入ください

◆塩浜康輝様　塩浜犬猫病院　宮城県多賀城市

①同業の方より。
②動物が喜んで飲む。
③血液がすぐ落ちる。
④美味しいお湯がわきやすい。
⑦もっと安ければ紹介しやすい。
⑧メンテナンスと塩で月2万円くらいになるのでもう少し考えていただきたい。
⑨洗剤を使用すると泡切れが悪いので、お湯で洗ってもすっきりしないときもある。
⑩もう20年使っているので今後も継続するが、メンテナンスは1年にいくらとかはわかるが、毎月1万３０００円以上となるのはいかがなものか。

◆宮田秀政様　歯科医院スマイルライン　広島県呉市

創生水の感想

臭みがなくいつもとても美味しくいただいております。料理はもちろん、お茶、コーヒーなどまろやかな感じがします。

メダカを甕で飼っています。創生水なのでそのまま水を入れています。普通の水道水だと数時間日光に当てなくてはいけませんが、その必要がないのでとても楽です。メダカもいつも元気です。

①　知人がすごいお水があると教えてくださりお話を聞いて、身体は水でできているからこれはぜひほしいと思い、２０００年12月６日に取り付けていただきました。

②　歯科医院すべての水が創生水です。

③　とても美味しいし手荒れなどないです。

④　患者様の反応は安心してうがいをしていただけるということと、飲んでいただいても良いので、しっかり飲んでいただいております。やはり美味しいと言われます。

⑤　なんとなくですが、傷の治癒が良いように思います。

⑥　なし。

⑦ 価格は安心して水が飲めるので満足しています。

⑧ メンテナンス費用は高いと思う。仕事をやめたら継続できるかは不安です。

⑨ 洗剤禁止の約束を守るということは環境に配慮しているので広まると良いなと思います。

⑩ 今後も継続します。母も毎日水を汲みに来て元気にしておりますので使用をやめたら怒られます。生水を安心してとても美味しく飲めるということは最高のぜいたくなので、働ける限りは頑張って続けたいと思います。

元気に働けるのも創生水のおかげ様と感謝しております。ありがとうございます。

◆鵜飼一郎様　佐久平どうぶつ病院　長野県佐久市

① 「洗剤が消える日。」を読み、友人の紹介で深井社長と面談、導入を決めました。

※動物の自然治癒をする姿を介して人が現代医学や科学の落とし穴に気がつくための仕事をさせていただいております。自然治癒に欠かせない水を探していたときに出会ったのが創生水です。

② 動物の癌、アトピー性皮膚炎などの難治性疾患の根本体質改善や解毒排泄治療、液

体薬の調合、また入浴治療などに毎日活躍しています。

※身体の60%ほどは水ですし、すべての生体反応は水を介して行われるので、情報的、物質的に汚れのない水環境であることは、自然治癒には理想的です。

③水を汚せば、必ず自分に還ってくる循環の法則に気が付いている人にとっては、日常生活で汚す水が最小限で済むこと自体が喜びです。周りの環境も喜びの波動に包まれてくることを実感されると思います。動物たちは直感的に良い水がわかりますし、入浴治療のあとの動物たちの被毛の艶の良さは、飼い主の方にも十分実感していただいております。また、入浴中に暴れる動物もほとんどなく、気持ち良さそうにしています。

④すべての患者様に受け入れられるわけではありませんが、少なからず創生水の愛用者になられる方がおりますので、好意的に感じるところがおありなのだと思います。

⑤効果のデータ化、深井総研様で十分なされていると思います。毎日使いますが、当院独自のデータはありません。

⑦私的には費用対効果は数値化できませんが絶大だと思っています。

※病気治しや健康法などの小さな視点の効果と宇宙的視点で見た効果と大きく二つに分かれますが、大を治すにはまず小からということで、どの視点で見ても効果大。

類似品が廉価で販売されていますが、開発者の最初の志がどうかというところがとても重要です。

⑧　気がついた人の負担する分担金ととらえております。

⑨　抵抗を感じる方もいるかと思います。もう少し緩くしても良いかと思いますが、経験上、この程度の覚悟というか理解ができないで導入しても、結局メンテナンスの費用や設備投資に対する疑問が増大して、のちにトラブルメーカーになりかねないため、高いハードルを自ら越えてくる人を、ふるいにかけているのだと思います。たくさん出荷すれば良いという問題ではないだけに、あまりかたくなになり過ぎないバランス感覚がとても難しいところでしょう。

⑩　使用は継続します。

5　ホテル関係

創生水お伺い項目

①創生水との出会い（どこでどのようにして創生水をお知りになりましたか）

②創生水をホテルのどの部分にご使用ですか

③創生水を使用されての実感（評価）
④お客さまの反応
⑤創生水導入の効果を証明できるデータがあればお教えください
⑥使用場面の写真をお借りできればご同封ください
⑦創生水生成器導入価格について（費用対効果についてご意見をお聞かせください）
⑧メンテナンス費用について、適切だと思われますか
⑨創生水生成器導入にあたっての契約（洗剤の使用を禁止）についてのご感想
⑩今後もご使用を継続されますか？

その他、ご意見、ご不満などがあればなんなりとご記入ください

◆佐々木裕子様　湯郷プラザホテル　季譜の里
岡山県美作市

① 東京で「旅行作家の会」があり、そのとき長野県の高峰温泉の社長より紹介された。

② 大浴場内の薬石蒸し風呂とその清掃。

大浴場内の寝湯2槽。
大浴場内の飲水。

③　蒸し風呂は不潔になりがちだが、創生水だと清潔感があり、悪臭もしない。

④　水の説明をすると感動されるが、説明しないと知っている人がほとんどいないので無反応。

⑦　機械代金は高いが（300万円）、価値は十分あると思う。

⑧　個人使用の場合メンテ費用は高いと思う。自宅にも置いているが塩とメンテで3万円近くかかるので、あまり他人に勧められない。ただし、使い心地が良いので満足している。普通の水に戻すことは考えられない。会社使用の場合は許容範囲であると思う。

⑨　洗剤不使用という意図はよくわかる。

⑩　継続して使いたい。

メンテは年一度となっているが、遅れることが多いのでしっかりやってほしい。

第9章

創生水が今世界に羽ばたく

上海証券取引所にQ板上場。中国の大気汚染をSFWで半減へ

中国の大気汚染は深刻である。世界保健機関（WHO）によると、北京は世界で最も大気汚染のひどい都市の一つとされている。中国の環境監視機関は、自動車が大気汚染の主な原因としている。大気汚染は4つのレベルで警報が出されるが、北京では度々最も深刻な「赤色警報」が出されている。赤色警報は3日以上深刻な大気汚染が続く場合に出される警報で、車の交通が半分に規制されたり、工場の操業が停止を迫られたりしており、小中学校が休校になることもしばしばだ。大気汚染は北京にとどまらず、上海や重慶など中国各地に拡大している。

大気汚染問題に対処するため、具体的には、窒素酸化物（NO_x）や一酸化炭素、粒子状物質（PM）など排出量が多く新たな基準を満たさない大型トラックの販売を禁止する。ディーゼル車の排出ガス基準は「国4」（欧州基準の「ユーロ4」に相当）と呼ばれる水準に強化される。

この他、排ガス量の多い車両の走行停止や乗用車の燃費向上に向けた規制を強化していくというが、実態は不透明である。今もなお中国の各地で排ガスによる環境汚染

が進行している。

上海証券取引所に上場したいと考えるようになったのは、創生水によって中国の自動車などによる環境汚染に対処できないだろうか、というのがスタートである。中国において創生フューエルウォーター（ＳＦＷ）を自動車に適用したり工場のディーゼルエンジンに適用したりするには、設備の建設などに多くの資金が必要である。そのためには何より証券市場への上場が近道と考えたのである。

上場にあたっては、日本企業の中国進出をサポートしてくれる、コンサルティング会社、ＢＭＩ（ビーエムインテリジェンス）という会社のお世話になった。同社の中国支社オーナーの王さんは熊本ラーメン（味千ラーメン）を中国に多店舗展開した実力者である。同社の協力を得て深井総研株式会社の子会社は２０１６年６月３日、上海証券取引所のＱ板（ボード）市場に上場した。Ｑ板とは店頭市場のような位置付けで、日本では上場基準に満たないが有望な日本の中小企業をバックアップする新たな試みだ。将来は格上のＥボード、メインボードに移行する予定である。むろん上海上場を足がかりに日本における株式上場も視野に入れている。

Ｑ板上場への登録名は上海撃健貿易有限公司であり、承認登録番号は２０６６０２

（日本の証券コードと同じ）、社名は深井総研ＣＨＩＮＡに登録申請中である。

上場に際しては、次の方々に協力をいただいた。

① 国内法務顧問として「新明総合法律事務所　代表　新明一郎弁護士」

② 海外法務顧問として「ピルズベリー法律事務所　クリストファー・ガンソン弁護士」www.pillsburylaw.com　アブダビ政府の法務顧問

③ 会計監査法人として「フロンティア監査法人　統括代表社員　藤井幸雄　公認会計士」www.fr-audit.or.jp　東京証券取引所上場5社の監査法人

④ ＢＭＩジャパン香港本社

中国証券市場からの資金調達を容易にするQ板市場であるが、すでに出費を決定している投資家が数社ある。「中国ａｏ・ｉｅｃｏ科技有限公司」もその一つで、代表・何強さんはＳＦＷを高く評価し、10億円の出費とプラント工場の建設、さらに事務所を提供してくださる予定だ。上海上場の成果が如実に表れている。

さらに自動車への適用も着々と進行し、国の認可を得る段階に進んでいる。この他にも出費を検討している中国企業が数社あり、20億円超の資金調達の見通しが立っている。

私は中国でのビジネス展開が、確実に大気汚染対策につながっていくと信じて疑わない。たとえば、自動車の排ガスについては、日本で数多くのテストが繰り返され、CO_2、NO_xの排出量が50％削減する結果も得られているのである。中国における排ガス規制が強化されるなかにあって、燃料をＳＦＷに変えていくことによって、化石燃料の使用量が激減し、今すぐにでも確かな効果のある環境対策が実現するのである。

私は創生水を日本で開発し、日本で育て、多くの人の共感をいただいた。日本で確かなものというお墨付きをもらったのである。この環境を守り、地球を救うであろう水を、日本のものだけにしておくことは許されない。世界中の人たちに提供していかなければならない――これが私に課せられた使命である。

命の水、創生水は新しいエネルギー源としての可能性を秘め、今アジアから世界に飛翔しようとしている。

おわりに

創生水が世界に認められた日

「世界水の週間　ストックホルム2016」に出席

本書に最後までお付き合いくださりありがとうございました。

私の信念の一端をご理解いただけたら、これほどの喜びはありません。

1995年に創生水を開発して以来、今年で21年目を迎えましたが、私の地球環境良化への情熱は少しも色褪せておりません。どうしたら地球温暖化を防げるのか、どうしたら自動車の排ガスを減らせるのか、どうしたら子どもたちに明るい未来を残してあげられるのか、その解決策を言葉で残すことは簡単ですが、実践を通じた実績で残すことは容易ではありません。

「あいつは偉そうなことをいっているが、結局は金儲けのためじゃないか」と口さがない評論家もたくさんおりました。しかし、私は他人の評価など全く気にしておりません。私のこれまでの行動、創生ワールドや深井総研における様々な事業を一つずつ点検していただければ、私利私欲のための行動ではないことを理解していただくことができると思います。

私とスタッフは、創生水を開発以来様々なことにトライしてきました。その都度、大学の先生、専門機関の方々に大変なご苦労をかけてきました。

多くのトライはすべて成功した訳ではありません。試行錯誤を繰り返して、より確かなもの、より社会の役に立つことを念頭に置いて、実験、検証、実験を繰り返してきました。

そして今、やっと私の理想に近い水が創生水のおかげで誕生し、この新しい水が世界を変えようとしています。エネルギーの世界に一石を投じようとしています。

その水こそ、ここまで多くのページを割いて説明させていただいた、「創生フューエルウォーター（ＳＦＷ）」なのです。

この水が世界に認められるにはどういう手段があるのか。そもそも創生水は世界に認められる資格があるのか。

その答えの一つが、２０１６年8月28日から9月2日までストックホルムで開催された「World Water Week 2016」（Stockholm International Water Instituite〈ＳＩＷＩ〉主催）にありました。

この国際会議に参画するにはいくつものハードルを越えなければなりませんでした。そのハードルとは、水を営利目的にしていないことや、ペットボトルで販売していないこと。さらには一企業の営業のためのＰＲと判断されれば、参画を即座に停止されるという厳格なものでした。あくまでも環境に配慮した則天去私の問われる内容だったのです。ある意味、利潤を求めるために運営されている民間企業にとって、この条件をクリアーするのは簡単なことではありません。口先だけの言葉でクリアーできるほど陳腐な国際会議ではなく、参加者の方々も環境保護分野の超一級レベルの方々ばかりだったからです。

では、ここでこの会議を少し詳しく説明させてください。

世界最高峰の水の国際会議

「World Water Week in Stockholm」は、ＳＩＷＩが主催し国連が協力する、世界最高峰の水に関する国際会議で、研究学会でもあります。全世界の、最高機関や学者が一堂に会します。世界の水が、安全で安心して使用できるための持続可能な開発と、水研究の発表が行われています。この会議では水に関する様々な優れた技術や努力に対して表彰されますが、この表彰は〝水のノーベル賞〟と呼ばれています。２０１５年度は主に次の方々が表彰されました。

・ＣＨ２Ｍ社　水処理コンサルタント

・ペリーさん（米国学生）　電気的に毒物を取り除いていた作業に、フィルターで処理できる技術を3年かけて開発

・チリの双子姉妹が、農業分野の功績で受賞

大賞は、ラジェンドラさんという方で、インドの大規模浄水システム改善に貢献されました。まさに水のノーベル賞といえるでしょう。

２０１６年度の大賞受賞者はミシガン州立大学で水研究をしている、水質の第一人者、ジョーン・ローズ教授です。人の健康に及ぼす水のリスク評価と、世界的な福祉

を改善するための政策決定者やコミュニティ向けのガイドライン及びツールの作成という、世界規模の公衆衛生へのたゆまぬ努力と貢献が評価されました。受賞の知らせに彼女は次のようなコメントを発表しました。

「これまでの一流の受賞者の列に加わることができて大変光栄です。この賞は、21世紀の水に関わる非常に重要な問題に注意を喚起するものですが、私にとってそれは水質です」

彼女のコメントを聞いて私は創生水に対する自信がより一層強固なものになりました。水質を改善するという追求は私の思想と根本で一致しているからです。

世界で3億人以上がWWWを認識

「World Water Week in Stockholm」の運営機関であるSIWIは、国連の定めたワールドウォーターデイを推進し、水に対する理解を世界に広める活動を主導しています。

「World Water Week in Stockholm」は、参加者3300名以上130ヶ国にも及び、200以上の、水に関する会議と催しが開催されました。

マスコミの反応も驚くほど敏感で、ジャーナリストは数百人、約１００人の各種メディアリポーターが、多くのテレビ番組にとりあげました。各種メディアとＳＮＳ、ツイッターなどを通じて２０１５年度は3億人以上が関心を示しました。

この名誉ある「World Water Week in Stockholm」において日本の民間企業として初めて、当社の参加が許可され、ブース展示発表を行ったのですが、来場者からは大きな反響をもらいました。

さらに名誉なことに、日本人として初めて「Ｓｏｆａ Ｍｅｄｉａ」への出演がかない、私が主催者から30分のインタビューを受けました。創生水が生まれるまでの経緯、創生水開発にかけた思い、信念、さらには数多くの特性を具体例を交えて話しました。さらに、新しいエネルギーとしてのＳＦＷが、地球環境良化に役立つことを強調しました。

このインタビューが世界中に発信されることは、創生水とＳＦＷがまさに世界に認められた証拠となるのではないでしょうか。

環境破壊の原点である化学物質汚染を家庭から排除するための創生水生成器と、そこから生まれる高機能水・ＳＦＷによる水エネルギー開発について、多くの来場者と世界各国のメディアが高い関心を示したのです。

創生水が主催者のテーマである「Water for Sustainable Development」、つまり持続可能成長に活かされることは間違いないと確信できました。水研究、開発に関わる世界の方々へ、長年かけて研究開発してきた技術を知っていただく絶好の機会となり、参加者の皆さまとの幅広い交流と意見交換をもち、世界規模で水の無限なる可能性に取り組むべく技術開発につながったことに感謝したいと思います。

私は、日本で生まれた創生水を、科学技術の聖地であり、先のパリ協定でも持続可能な開発に向けて協定の意義を長期にわたって調印を推薦されてきたスウェーデンで発表できたことを誇りに思うと同時に、今、創生水がようやく世界に認められたと実感しました。

ただ、私はここが最終点であるとは考えておりません。あくまで創生水やＳＦＷが世界中の人たちを幸せに、笑顔にすることが大きな目標です。大言壮語と言われるかもしれませんが、そのために私は日々の小さな企業努力を今後も続けていく覚悟です。

今後とも創生水から目を離さずに叱咤激励していただくことをお願いして、筆をおきます。

世界水の週間　ストックホルム2016

2016年8月28日～9月2日

分科会などが行われる第2会場の外観。公式HPにはこの建物をシンボルとして掲載。メイン会場はこの建物を隔てたシティーカンファレンスセンター

メイン会場の建物の中にある当社紹介ブース。コンパクトに創生水とSFWが紹介されている

公式メディアからインタビューを受ける深井利春社長と九州大学・富川武記先生

ブース前に集まる各国の水研究の代表たち。SIWIがジュニアプライズを選定し、各国の水研究の代表を招待。日本からは山口高校の学生が招待された

水に関わる国際的な団体が出展

Profile

深井利春（ふかい　としはる）

1947年長野県出身。1976年レストラン開店、1980年・1983年にホテル開業。1986年すべての事業を辞める。1987年（株）大志を設立。1993年に創生ワールド㈱に社名変更。1995年日本獣医畜産大学にて記者会見し「創生水」を発表。1998年創生クリーニング「ムー」開設。2007年深井総合研究所㈱設立。2011年東京福祉大学・大学院特任教授に就任。著書に「洗剤が消える日。」（ダイヤモンド社）。

有冨正憲（ありとみ　まさのり）

国立大学法人 東京工業大学　名誉教授　工学博士　産学官非常勤研究員
1947年埼玉県出身。1970年東京工業大学工学部機械科卒業。1997年同大学原子炉工学研究所教授。2007年同大学原子炉工学研究所長に就任。2013年同大学名誉教授。
2001年に放射性物質の輸送に関する国際会議功労賞を受賞。研究テーマは、放射性物質の輸送と貯蔵に関する研究、二相流の多次元流動特性に関する研究、自然循環における沸騰二相流の熱流動特性に関する研究。

水プロジェクト
創生ワールド

エネルギープロジェクト
深井総研

World Water Week in Stockholm
英語特設ページ

CO_2ゼロ計画

水がエネルギーになる日。

2016年9月29日　第1刷発行

著者　深井利春
監修　有冨正憲
企画・構成　駒﨑民雄
装丁　北路社
写真　佐藤元一（p.212-216）、関水大樹（p.136-137）、橋本文夫（p.203-207）
DTP　BLUEINK
発行所　ダイヤモンド社
〒150-8409　東京都渋谷区神宮前6-12-17
http://www.diamond.co.jp/
電話/03-5778-7235（編集）　03-5778-7240（販売）
制作進行　ダイヤモンド・グラフィック社
印刷　八光印刷（本文）・共栄メディア（カバー）
製本　加藤製本
編集担当　浅沼紀夫

ISBN 978-4-478-06960-8